AF311823

A B C

D'ÉLEVAGE ET DE DRESSAGE

C.

A B C

D'ÉLEVAGE ET DE DRESSAGE

SUIVI

D'UNE NOTICE SUR LE CROISEMENT

PAR

ALFRED DE TILLY,

MEMBRE CORRESPONDANT DE LA SOCIÉTÉ ACADÉMIQUE DE ROCHEFORT

> La plus noble conquête que
> l'homme ait jamais faite, est celle
> de ce fier et fougueux animal, qui
> partage avec lui les fatigues de la
> guerre et la gloire des combats.
>
> BUFFON.

ROCHEFORT
IMPRIMERIE CH. THÈZE, PLACE COLBERT.

—

1863.

AU BARON DE CUGNAC,

DIRECTEUR DE L'ÉCOLE DE DRESSAGE DE ROCHEFORT.

Mon cher Cugnac,

En arrivant à Nice au commencement de l'hiver, j'ai été fort souffrant; ma maudite bronchite m'a joué un vilain tour; par bonheur elle m'a fait plus de peur que de mal. Sous la bienfaisante influence de ce climat si sec, si pur, que je n'en connais pas à lui comparer, ma santé s'est améliorée; et je suis bien aise de vous en fournir la preuve, — en vous donnant signe de vie.

Mais il me faut suivre longtemps encore un régime sévère, régime de fer, pour ainsi dire, observer un silence, un repos presque absolus. Confiné dans ma chambre, au souvenir de nos réunions, sous l'inspiration de mes goûts, en face du sacrifice que j'en dois faire, pauvre prisonnier songeant aux douceurs de la liberté, j'ai essayé de donner le change aux nécessités du moment ; et, à la lecture des publications intéressantes de la *France hippique*, à laquelle vous avez eu l'obligeance de nous abonner, mon père et moi, j'ai eu l'idée d'écrire sur un sujet qui m'est cher s'il ne m'est familier. J'ai donc fait un ouvrage, — pardon, — je ne voudrais pas mettre sous ma responsabilité pareille énormité ; j'ai essayé de faire un A B C. Sachant tout juste épeler, n'est-ce pas bien prétentieux ?

Vous, mon cher ami, depuis longtemps passé maître, devant les décisions duquel je m'incline affectueusement, vous jugerez ma prétention ; et, si elle ne vous semblait pas trop déraisonnable, je vous prierais d'en agréer la dédicace. Il me serait tout à fait impossible d'en faire une meilleure, qui me plût davantage.

Si donc, vous ne jugez pas ce petit écrit indigne de votre protection, vous voudrez bien porter le manuscrit ci-joint à l'imprimerie Ch. Thèze et en surveiller l'impression.

La première épreuve achevée, vous aurez l'obligeance de me l'adresser à Nice, villa de la B^{ne} Duranti, chemin de Saint-Etienne.

Je la recevrai avec non moins de plaisir que l'expression de votre souvenir.

Alf. LEG. DE TILLY.

AU MAIRE DE St-JEAN D'ANGLE.

Mon cher Moine, en vous offrant cet opuscule,
laissez-moi vous dire comment j'en ai eu l'idée, dans
quel but je l'ai écrit, pour qui et pourquoi je l'ai
écrit.

Avec les éléments de richesse qu'il possède, la ferti-
lité du sol, la bonté des pâturages, la prospérité des
fortunes privées, notre pays a tout ce qu'il faut pour
réussir dans l'industrie qu'il vient d'entreprendre. Si
ses premiers pas ont été incertains, si ses essais n'ont
pas tous été heureux, si l'entreprise, au début, a eu le
sort de toute œuvre nouvelle, inévitablement soumise à
l'incertitude et au tâtonnement, à qui la faute? Est-ce
l'œuvre, est-ce l'ouvrier qu'il faut accuser?

Pour assurer à l'avenir des résultats moins opposés,
plus solides, ne ferait-on pas bien de profiter de l'expérience acquise, de l'expérience des hommes éclairés
qui nous donnent chaque jour les meilleurs exemples?
Ne ferait-on pas bien d'éliminer un grand nombre de
juments poulinières, de les remplacer par d'autres d'un
meilleur choix, et d'éviter de s'égarer dans des accou-

plements peu judicieux ? Sans être exclusif dans ses préférences, ne ferait-on pas bien aussi de rechercher un type conforme à nos besoins , aux besoins de l'époque ?

Ce type est facile à trouver ; nous l'avons près de nous, sous nos yeux : le cheval à tête courte , carrée, au chanfrein creux, au front large, aux yeux expressifs, aux lignes longues et bien suivies, aux articulations fortement soudées, au rein court, à la poitrine vaste et profonde, le cheval qui, ayant du gros et de l'action, est également propre aux divers services de la chasse, de la guerre, de la selle , de la voiture , en un mot le demi-sang anglais, le *hunter*.

Laissons à d'autres la production du cheval de selle, du cheval de trait, boulonnais ou percheron ; imitons deux contrées placées à peu près dans les mêmes conditions que la nôtre, dont nous avons presque tous les avantages, la Normandie et la Vendée. (*)

(*) Vous êtes probablement allé aux foires de Saint-Gervais le 11 et le 12 juin ; vous connaissez la race de ce pays. Vous savez qu'un cheval que nous avons eu longtemps à la station de Rochefort, *Amadis*, en est l'un des principaux auteurs ; vous connaissez également le cheval du Merlerault , du Cotentin. Avez-vous entendu parler de ce fameux meunier, — non moins habile à élever le cheval qu'à moudre le blé, — qui habite dans le département de l'Orne , près d'Argentan , le canton d'Ecouché ? Propriétaire d'un établissement considérable, éleveur des plus intelligents, le sieur Cheradame a combiné l'élément indigène et l'élément étranger fourni par le haras du Pin, et a obtenu de cette combinaison du percheron et du demi-sang une race de chevaux *ramassés*, *râblés*, énergiques, propres à tous les services , carrossiers d'un beau modèle, recherchés par le commerce. De cette race sortent la plupart des chevaux de poste de la maison de l'Empereur.

A mon avis, c'est dans ce sens que l'élevage doit être dirigé. Mais bien peu, ce me semble, livrés à leurs propres forces, avec leurs seules connaissances, sont à même d'imprimer cette direction, de se passer de guides ; et je n'ai certes pas la prétention de suppléer à ce qui leur manque de ce côté.

Cette industrie, comme la plupart, a ses difficultés, ses épreuves, ses mécomptes ; n'y réussit pas qui veut. L'intelligence et la patience sont les deux conditions du succès ; une pratique judicieuse appuyée sur de bons principes, la meilleure de toutes les théories. Sur cette route difficile, où je n'ai garde de marcher, à plus forte raison de conduire, je n'essaierai de donner que les indications les plus simples, les plus élémentaires, en renvoyant ceux que ne satisferaient pas des données aussi superficielles, à la lecture des ouvrages suivants : *Cours d'Hippologie*, par le général de Saint-Ange ; — *Éducation et hygiène du Cheval*, par le comte de Montigny ; — *France chevaline*, par M. Eugène Gayot.

Avec quelques connaissances pratiques, assurés du concours de l'État, dont M. le général Fleury, aide de camp, premier écuyer de l'Empereur, ne saurait nous refuser l'appui, donnons libre carrière à nos premiers efforts, à nos premiers débuts. Douterions-nous du résultat ? Resterions-nous volontairement en arrière, quand nous voyons, à côté de nous, ce que font, ce qu'obtiennent nos voisins, nos amis les Anglais ? S'ils ont sur nous l'avantage d'être les premiers dans les luttes... de l'hippodrome, d'être nos maîtres... en fait d'élevage, nous avons certains priviléges qu'ils n'ont pas, et qui, avec le temps et la volonté, indispensables à toute entreprise humaine, nous permettront de soutenir dignement la concurrence, de rivaliser avec eux... sans rompre pour cela nos relations de bon voisinage.

Ce petit livre s'adresse aux habitants de la campagne, aux éleveurs, à leurs fils ; c'est pour eux qu'il est écrit, dans le seul but de faire aimer le cheval, d'inspirer un goût aussi rare qu'agréable. Essai écrit tout d'un trait, distraction de mes loisirs, A B C pour ceux qui ne savent pas lire et qui voudraient l'apprendre.

Le nombre des parties répond au titre ; trois lettres forment le nom, trois parties composent le tout : du Cheval, de l'Élevage, du Dressage.

Agréez, mon cher Moine, l'expression de mes meilleurs sentiments d'estime et d'affection.

ALF. LEG. DE TILLY.

PREMIÈRE PARTIE

DU CHEVAL

PREMIÈRE PARTIE.

DU CHEVAL.

PREMIER CHAPITRE.

Nom des diverses parties du corps.

Avant-main. — Tête : — oreilles. — front, — salières
(fig. 1, A). — yeux, — chanfrein, du front aux naseaux,
— naseaux, — bout de nez, — bouche, — menton, —
barbe, partie osseuse au-dessus du menton, sur laquelle
s'appuie la gourmette. — ganaches, os de la mâchoire inférieure (fig. 1, B). — auge, entre les ganaches, — attache
de tête, au point de jonction de la tête et de l'encolure (C).
— Encolure. — attache de l'encolure. — poitrail, — garrot.

Membres antérieurs : — Epaule (*scapulum*), de la pointe
de l'épaule au garrot. — pointe de l'épaule D, — coude E.
— bras, de la pointe de l'épaule au coude, — avant-bras F.

— genou G, — canon H, — boulet I, — paturon K, — couronne L, — sabot.

Corps. — Poitrine, — passage de sangles M, — dos, du garrot au rein, — rein, partie de l'épine dorsale au-dessus du flanc, — flanc N, — ventre, au-dessous.

Arrière-main. — Croupe, — queue, — attache de queue, — hanches, — fesses, — pointe de la hanche O, — pointe des fesses P, — cuisses Q, — jambes R, — jarret, — pli du jarret S, — creux du jarret T, — pointe du jarret U (extrémité du *calcanéum*), — canon, boulet, etc., — pied, — os naviculaire, de la forme d'une nacelle, dans l'intérieur du pied, où viennent s'insérer les muscles de la jambe ou plutôt leurs prolongements, — fourchette (fig. 2, A), — sole B, — pince C, — quartiers D, — talons E.

Les os décrivant des arcs de cercle, s'articulant les uns avec les autres, on les appelle rayons, abouts articulaires, et, suivant leurs places respectives, rayons supérieurs, rayons inférieurs, abouts articulaires supérieurs, abouts articulaires inférieurs.

Dans l'homme et dans le cheval, le nombre et le rapport des abouts articulaires sont les mêmes. Ainsi, l'omoplate correspond au scapulum (os de l'épaule); la pointe de l'épaule, le bras, le coude, l'avant-bras de l'un, à la pointe de l'épaule, au bras, au coude, à l'avant-bras de l'autre; le genou, au poignet; le canon à la première phalange de la main (au métacarpe); le boulet, à la première articulation du doigt; le paturon, à la première phalange du doigt; la couronne, à la seconde; le sabot, à la troisième, revêtue de l'ongle.

Ce rapprochement donne la valeur exacte de cette expression : cheval qui n'a pas de poignets, qui manque de poignets.

DEUXIÈME CHAPITRE.

Qualités d'une bonne conformation.

Loi des puissances et des leviers. — Le mouvement est
la condition de la vie : tous les êtres vivants y sont soumis ;
le cheval comme les autres, plus même que les autres,
puisqu'il se produit à la fois en lui, hors de lui et par lui :
monté, attelé, lorsqu'il traîne des fardeaux.

Les muscles, les os déterminent le mouvement : ce sont
les puissances, les leviers de la machine animale.

Voudra-t-on bien m'accorder une minute d'attention pour
l'explication d'une loi de mécanique, science que je suppose
peu familière aux lecteurs à qui je m'adresse ? Cette loi,
fort simple d'ailleurs, une fois admise, rien ne paraîtra difficile, tout ira de soi, se comprendra sans effort, à première
vue :

1° Plus est long le bras de levier, plus est grand l'effet
produit ;

2° On appelle perpendiculaire la ligne indiquée par le fil
à plomb du maçon, ou, plus exactement, celle qui fait avec
une autre un angle droit. — De toutes les puissances, la plus
grande est celle qui agit dans la direction de la perpendiculaire au bras de levier ;

3° L'effet produit sera d'autant plus grand que la puissance se rapprochera de la direction de la perpendiculaire
au bras de levier.

Un exemple éclaircira peut-être ce que ceci a d'obscur.
Je suppose que B C (fig. 3) soit un levier : A, son point
d'appui ; A B, A C, ses deux bras ; le premier, celui de la
résistance ; le second, celui de la puissance :

1° Plus A C sera long, plus l'effet produit sera grand ;

moins il faudra de force à l'homme qui cherche à soulever le fardeau H, pour soulever ce fardeau:

2° En tirant dans la direction C D, perpendiculaire au bras de levier A C, cet homme soulèvera plus aisément ce fardeau qu'en tirant dans toute autre direction, C E, C F, par exemple;

3° Enfin, en tirant suivant C E, il aura moins de peine à soulever le fardeau H, qu'en tirant suivant toute autre ligne plus éloignée de la perpendiculaire, C G, par exemple.

A la campagne, dans les carrières, on fait journellement l'application de cette loi de mécanique. Il serait peut-être moins facile d'en faire comprendre la démonstration que de la donner; c'est déjà beaucoup que d'en avoir dit un mot. D'après l'explication et l'exemple précédents on voudra bien la considérer comme vraie.

J'ai dit plus haut que les muscles étaient les puissances, les os, les leviers de la machine animale. Donc, longueur des os, direction perpendiculaire des muscles, ou se rapprochant le plus possible de la perpendiculaire, voilà les deux conditions de l'énergie et de la liberté des mouvements. C'est très-simple, simple comme deux et deux font quatre; c'est aussi très-important: sans cela rien ne serait compris, avec cela tout devient clair et facile.

Application. — La hanche est l'instrument du mouvement dans l'arrière-main. Les os qui la forment sont les leviers, les puissances sont les muscles qui descendent le long de la cuisse dans une direction perpendiculaire à la terre, celle du fil à plomb. Donc, plus la hanche sera longue de la pointe de la hanche à la pointe des fesses, plus le levier sera long, plus il sera favorable à la puissance qui le fait agir; plus la hanche sera haute, horizontale, plus les muscles se rapprocheront de la perpendiculaire au bras de levier, plus ils auront de puissance.

L'épaule est le principal instrument du mouvement dans l'avant-main. L'os de l'épaule est le levier, les puissances sont les muscles qui descendent au-dessus du bras dans une direction perpendiculaire à la terre, la direction du fil à plomb. Donc, plus l'épaule sera longue de la pointe de l'épaule au sommet du garrot, plus elle sera favorable aux muscles qui la font agir; plus elle sera couchée, plus s'agrandira l'angle qu'elle forme avec ces muscles, plus ceux-ci auront de puissance.

Conformation. — Ainsi, pour que l'épaule et la hanche soient bien faites, il faut que la première soit longue et oblique, la seconde longue et horizontale. Ce sont là deux points considérables, qu'on doit observer avant tout. Tout d'ailleurs a son importance.

Corps. — La poitrine est le foyer de la vie ; elle en contient les principaux organes, ceux de la circulation et de la respiration. Pour que ces organes aient du volume, pour qu'ils fonctionnent librement, pour que la respiration soit large et facile dans les poumons, pour que le cœur, à chacune de ses contractions, projette dans toute l'économie une grande masse de sang, il faut qu'elle soit spacieuse, c'est-à-dire qu'elle ait de l'étendue dans tous les sens, en longueur, en largeur et en profondeur. D'où il résulte que dans un cheval bien conformé le garrot est élevé, en arrière, *bien sorti ;* — le passage de sangles, marqué ; — le poitrail, ouvert : — les côtes, arrondies, *cerclées ;* — le flanc, court et plein ; — le ventre, arrondi sans être gros ; — le dos et le rein, larges, courts, *bien suivis,* sur une ligne droite et horizontale. Plus le rein sera court, plus il aura de force et de souplesse, mieux il transmettra à l'avant-main l'impulsion de l'arrière-main ; c'est un pont suspendu jeté sur deux rives, dont la force est en raison inverse de la longueur.

2

Bout de devant. — Il faut donc que la poitrine soit vaste et profonde ; — il faut en outre que l'encolure soit flexible, bien attachée ; — la tête, sèche, courte, carrée, également bien attachée ; — les oreilles, petites, mobiles et bien plantées ; — le front, large, signe d'intelligence ; — les yeux, grands et expressifs ; — le chanfrein, droit ou légèrement creux ; — les naseaux, dilatés ; — le bout de nez, fin, pour qu'on puisse dire que le cheval *boit dans un verre* ; — les ganaches, ouvertes ; — l'auge, large et évidée.

Avec le chanfrein arrondi, *busqué*, les cavités nasales sont étroites, et la respiration gênée ; avec la tête mal attachée, le cheval manque de *liant*, de souplesse, *porte le nez au vent*, sort de la main et est aussi difficile que dangereux à conduire.

Membres. — Le coude doit être suffisamment dégagé du corps pour ne pas gêner les épaules ; les épaules qui manquent de jeu sont dites *froides* ou *chevillées*. — Le bras, l'avant-bras doivent être longs, le canon court. Le mouvement étant imprimé par les abouts articulaires supérieurs, non par les inférieurs, il faut, d'après la loi précédemment expliquée, que ceux-ci perdent ce que ceux-là gagnent en longueur. Mais rien d'exagéré ; le cheval dont le canon est trop court, *rase le tapis*, exposé à butter à la rencontre du plus petit objet. En outre, le canon doit être large, plat, *bien attaché, bien suivi*, c'est-à-dire aussi large au sommet qu'à la base ; dans la conformation opposée, on dit que le tendon est *failli*. — La beauté du genou, du boulet et du paturon consiste dans leur force et leur développement. — Le pied doit avoir des dimensions proportionnées à la taille du cheval ; petit, resserré des quartiers et des talons, *encastelé*, c'est le mot propre, il prédispose à la boiterie ; grand, large, plat, il dénote un tempérament mou et lymphatique, et cette défectuosité rend la marche lourde et difficile.

Enfin, l'épaule, le bras, l'avant-bras doivent être bien musclés; les faisceaux charnus qui les recouvrent, fortement accusés et durs au toucher. — Même chose pour les membres postérieurs, jambes, fesses, cuisses, celles-ci *descendues*, présentant cet ensemble d'ampleur et de force qui fait dire du cheval qu'il est *bien culotté*, qu'il a un beau *carré de derrière*. — La queue bien attachée, grosse à la base, fine à l'extrémité, indice de force. — La pointe du jarret élevée; le creux large et évidé; le pli marqué, sans l'être trop, pour qu'on ne puisse pas dire du jarret qu'il est *droit* ou qu'il est *coudé*. En un mot, pour avoir du ressort, *de la chasse*, il faut que le jarret soit large, sec, plat, et assez près de terre. C'est la cheville ouvrière, l'une des pièces principales de la machine, celle qui reçoit les plus rudes assauts et que les tares affectent le plus souvent.

Autrefois le cheval était uniquement un objet de mode; on ne considérait en lui que la forme, l'extérieur, ce qui flattait les yeux, selon le goût ou la fantaisie de chacun; on le regardait comme un tableau dont on admire la vigueur des tons, la disposition des plans, avant de rechercher le sujet qu'il représente; ou bien, comme un édifice dont on examine les sculptures avant de s'assurer de la solidité des fondements. Autrefois, il y a peu d'années encore, le chanfrein arrondi, la tête *busquée*, était un mérite, un mérite fort recherché, à ce point, que de la Normandie, on alla dans le Danemark pour en ramener des étalons de ce pays, remarquables entre tous par leurs — belles — têtes busquées; et, sous prétexte d'améliorer la race, on y sema les germes d'une maladie héréditaire, le *cornage*, qui s'est perpétuée jusqu'à notre époque en laissant des traces difficiles à effacer.

Avons-nous tort de voir les choses sous un autre aspect, de donner à la raison et à la science une petite place à côté du préjugé et de la routine ? — Je ne le pense pas ; et, si la mode a conservé tout son empire, je crois que, sans méconnaître son autorité, nous ferions mal de nous soumettre à ses caprices et de rechercher ailleurs que dans une bonne conformation les garanties d'un bon et durable service.

TROISIÈME CHAPITRE.

Aplombs.

Indépendamment d'une bonne conformation, le cheval doit avoir les membres d'aplomb. Ce sont les piliers de l'édifice ; et ce ne serait pas assez qu'ils fussent bien proportionnés, s'ils s'écartaient de la ligne qu'ils doivent suivre pour assurer le soutien du corps.

On considère les aplombs sous deux rapports, de face et de profil.

Aplombs des membres vus de face et par derrière — On détermine l'aplomb des membres de devant vus de face en abaissant deux verticales de la pointe des épaules (fig. 4). Chaque ligne doit partager le membre en deux parties égales. Si l'extrémité inférieure est tournée en dedans, le cheval est dit *cagneux*; si elle est tournée en dehors, le cheval est dit *panard*.

La panardise est le défaut de certains chevaux de sang mal conformés, qualifiés de *ficelles*, qui, en raison de l'étroitesse du poitrail, cherchent à élargir leur base de sustentation. Les chevaux de gros trait, au contraire, sont généraralement cagneux.

On détermine l'aplomb des membres de derrière en

abaissant deux verticales de la pointe des fesses (fig. 5).
Ces deux lignes doivent partager les membres également. Si
l'extrémité inférieure est tournée en dedans, le cheval est
cagneux du derrière ; si elle est tournée en dehors, il est
panard : en outre, on le dit *jarreté*, *crochu*, *clos de derrière*, lorsque les pointes des jarrets sont rapprochées
l'une de l'autre, et, *ouvert de derrière*, lorsqu'elles sont
écartées.

Aplombs des membres vus de profil. — Pour déterminer
l'aplomb des membres de devant vus de profil, on tire trois
verticales (fig. 6) ; les deux premières du sommet du garrot
et de la pointe de l'épaule. La partie inférieure des membres
doit se trouver comprise entre ces deux lignes, tomber au
milieu de l'intervalle. Si elle se rapproche de la première,
le cheval est dit *sous lui* du devant, défaut commun parmi
les chevaux de trait, très-grave dans un cheval de selle,
dont il compromet la solidité. Au contraire, si elle se rapproche de la seconde, le cheval est dit *campé* du devant.
— On abaisse la troisième verticale du tiers postérieur et
supérieur de l'avant-bras. Cette ligne doit partager le genou
et le boulet en parties égales ; si le genou est en arrière, on
l'appelle *genou creux* ; s'il est en avant, le cheval est *arqué*,
brassicourt, s'il est arqué de naissance. Ce défaut se rencontre assez souvent chez les chevaux de sang. Enfin, si le
boulet est en arrière de cette dernière ligne, le cheval est
bas-jointé : au contraire, s'il est en avant, selon le manque
d'obliquité du paturon, le cheval est *bouté*, *bouleté*, *droit-
jointé* ; c'est le signe de l'usure et de la fatigue.

Pour n'avoir pas à me répéter, je ne parlerai pas des
aplombs des membres de derrière vus de profil ; ils se déterminent également par des verticales abaissées de la pointe
de la hanche et de la pointe des fesses.

On ne se sert d'ailleurs de ces lignes que pour faire comprendre les aplombs et leurs déviations ; l'œil le moins exercé doit savoir s'en passer et reconnaître immédiatement, à priori, tel ou tel défaut d'aplomb.

QUATRIÈME CHAPITRE.

Tares.

Il ne suffit pas qu'un cheval ait de belles lignes et de bons aplombs, il faut aussi qu'il n'ait pas de *tares*. Les tares sont des tumeurs tantôt molles, tantôt dures, qui surviennent en général aux articulations et en gênent les mouvements. D'où, deux espèces de tares : tares molles, *molettes ;* tares osseuses, *exostoses, suros.*

Molettes. — Les molettes proprement dites sont dues à une inflammation par suite de laquelle la synovie, secrétée plus abondamment que dans l'état normal, distend la paroi du tissu réticulaire qui la renferme, et se montre à l'extérieur sous forme de grosseur. La synovie, de deux mots grecs qui indiquent sa ressemblance au blanc d'œuf, est destinée, comme on sait, à entretenir la souplesse, le liant des articulations, à en lubrifier les cartilages et les ligaments.

Au boulet, elles conservent leur nom générique de molettes ; le boulet est dit *cerclé*, lorsqu'elles l'entourent en entier. Au creux et au pli du jarret on les appelle *vessigons ;* lorsque le vessigon existe des deux côtés on le dit *chevillé.*

Le *capelet* est une tumeur molle due, non comme les précédentes, à l'inflammation des capsules synoviales, mais à une infiltration du tissu cellulaire à la pointe du jarret. Il déprécie le cheval bien qu'il ne le fasse pas boiter. Même à son début, avant qu'il soit *induré*, il est difficile de le faire disparaître.

Suros. — Produites par l'inflammation du périoste (1),
d'une substance qui se confond avec celle des os, ces tumeurs font presque toujours boiter, d'autant plus qu'elles
sont plus petites, plus aiguës, placées plus bas. En voici
sept, ce sont les principales. — 1° La *forme*, à l'articulation
du paturon avec la couronne (fig. 7, A); — 2° le *suros*
proprement dit, sur le canon (fig. 7, B); près du tendon il
est très-grave, en avant de l'os il est insignifiant; — 3° l'osselet, sur le genou; — 4° le *jardon*, à l'extrémité supérieure d'un os de la forme d'une lance, ou plutôt d'une
épingle à grosse tête, placé à la partie externe et postérieure du canon: à l'extrémité supérieure du *péroné* (fig. 7,
C); pour le juger, on se place derrière le cheval et l'on compare attentivement ses jarrets; — 5° si le jardon est double,
s'il existe de chaque côté, si, en passant au-dessous des
tendons fléchisseurs, il les fait dévier, il prend le nom de
jarde; on la reconnaît en se plaçant par côté; — 6° l'articulation du jarret a pour base la partie inférieure de l'os
de la jambe (*tibia*), l'extrémité supérieure des os du
canon (*métatarse*), et plusieurs os particuliers appelés *tarsiens* (2). La *courbe* est une exostose qui a son siège à la
face interne de l'extrémité inférieure du tibia (fig. 7, D); —
7° l'*éparvin*, au-dessous de la courbe, à la partie interne et
supérieure du canon (fig. 7, E). Ces deux tares, la dernière
surtout, sont assez difficiles à reconnaître. Pour les juger,
on se place en avant du poitrail, puis derrière la croupe, et,
en les examinant avec soin, on compare les deux jarrets:
encore peut-il arriver que ceux-ci soient tarés l'un et l'autre.

(1) Membrane qui enveloppe les os.

(2) Les tarsiens sont au nombre de six : le *calcaneum*, l'*astragale*
et quatre os aplatis disposés sur deux rangs au-dessous de ce dernier (1, 2, 3, fig. 7).

Les éparvins sont de deux sortes : l'*éparvin calleux*, dont il vient d'être question, et l'*éparvin de bœuf*, celui-ci plus gros, moins dense, moins dur, et recouvrant la face interne du jarret.

Il y a bien une autre sorte d'éparvin, l'*éparvin sec ;* c'est une affection maladive qu'on ne saurait ranger parmi les tares, et si j'en parle, ce n'est que pour mémoire. Le cheval qui a des éparvins secs marche avec raideur, relève les jambes de derrière d'une façon anormale, il *harpe*. Ce mouvement irrégulier n'est ordinairement que passager. La cause de l'éparvin sec n'est pas bien connue ; on l'attribue à l'appauvrissement de la liqueur secrétée par le tissu cellulaire, la synovie.

CINQUIÈME CHAPITRE.

Age.

A huit ans le cheval est hors d'âge, le cheval ne marque plus, disait-on jadis et dit-on peut-être aujourd'hui, sans se douter qu'il y a là une erreur à côté d'une mauvaise expression. Passé huit ans, le cheval marque encore, longtemps encore, comme l'ont reconnu et constaté MM. Pessina et Girard en examinant la dent avec plus de soin qu'on ne l'avait fait jusque-là. Semblables à une barre conique, tordue et légèrement recourbée, les incisives vont s'aplatissant du sommet à la base, et affectent sur leur longueur différents aspects. Que l'on coupe une dent en quatre parties égales, la section de chaque fragment aura sa figure propre : successivement un rectangle, un demi-cercle, un triangle, un second rectangle perpendiculaire au premier, c'est-à-dire se croisant avec lui (fig. 8).

Comme les dents s'usent par le frottement, ces figures apparaissent tour à tour à certaines époques de la vie. Ceci posé et admis, rien n'est plus facile que de déterminer l'âge, que d'en donner et d'en comprendre la théorie.

Commençons par distinguer quatre périodes correspondant aux transformations que je viens d'indiquer; elles nous conduiront dans nos recherches depuis la naissance jusqu'à 21 ans inclusivement : 1" croissance des dents de lait ; — 2° chute des dents de lait et leur remplacement par les dents de cheval ; — 3° rasement de celles-ci ; — 4° la dernière période répond à divers changements de forme, et se subdivise elle-même en trois autres périodes pendant lesquelles les dents de devant deviennent successivement *arrondies*, *triangulaires*, *biangulaires*, c'est-à-dire aplaties d'un côté à l'autre.

On appelle *mâchelières*, — qui servent à mâcher, — les dents du fond ; *incisives*, — qui servent à couper, — les dents de devant ; *barres*, la partie de la mâchoire qui les sépare, celles-ci de celles-là.

Les mâchelières étant d'un examen difficile, pour ne pas dire impossible, on n'en tient pas compte, et, parmi les incisives, on ne considère que celles d'en bas. Elles sont au nombre de six : deux *pinces* au centre, deux *coins* aux extrémités, deux *mitoyennes* au milieu. A l'inspection de ces six dents, nous trouverons toutes les indications suffisantes pour la détermination de l'âge pendant les diverses périodes que je viens de rappeler.

Première période. —Les dents de lait se distinguent des dents de cheval en ce qu'elles sont plus petites, plus blanches et plus unies. Les pinces de lait apparaissent le sixième ou le septième jour ; les mitoyennes, au bout de cinq semaines environ ; les coins, vers le commencement du septième mois.

Deuxième période. — De 2 ans 1/2 à 3 ans, on voit sortir les premières dents de remplacement , les premières dents de cheval , les pinces (fig. 9) ; de 3 ans 1/2 à 4 ans , les mitoyennes ; de 4 ans 1/2 à 5 ans, les coins. A cet âge chez les poulains , très-rarement chez les pouliches , apparaissent les *crochets* sur le milieu des barres (1).

Troisième période , période de rasement. — La cavité noire, le cornet dentaire qui existe au milieu de la dent lors de son apparition, se remplit peu à peu, et, quand elle est arrivée au niveau de la table , on dit que la dent est *rasée*. Les pinces rasent de 5 ans 1/2 à 6 ans (fig. 10) ; les mitoyennes, de 6 ans 1/2 à 7 ans ; les coins, de 7 ans 1/2 à 8 ans (2).

Quatrième période. — Cette période répond à des transformations de la table dentaire, qui , comme je l'ai dit plus haut, devient successivement arrondie, triangulaire, biangulaire. — Les pinces s'arrondissent intérieurement à 9 ans (fig. 11) ; les mitoyennes à 10 ; les coins à 11. — 12 ans, 13 ans, période de transition. — Sont triangulaires les pinces à 14 ans (fig. 12) , les mitoyennes à 15 , les coins à 16 — 17 ans , 18 ans, autre période de transition. — Enfin , à 19 ans les pinces deviennent biangulaires , s'aplatissent par côté, à 20 ans les mitoyennes, à 21 ans les coins.

Ainsi , en résumé , quatre périodes principales dont les différentes transformations correspondantes et caractéristiques vont toutes dans le même sens , des pinces vers les coins en passant par les mitoyennes.

Jusqu'à 8 ans il est aisé de savoir au juste l'âge d'un che-

----

(1) Lorsqu'une incisive commence à percer la gencive , on dit que le cheval prend 3, 4 ou 5 ans; lorsqu'elle est complétement sortie, on dit que le cheval a 3, 4 ou 5 ans faits. A 5 ans le cheval a *tout mis*.

(2) On appelle *bégus* les chevaux chez lesquels le cornet dentaire ne disparaît pas aux époques indiquées ci-dessus; *bréhaignes*, les juments qui ont des crochets. Le *germe de fève* est la matière noire qui emplit le cornet dentaire.

val, encore faut-il de l'habitude ; à partir de 8 ans c'est
chose moins facile, même avec de l'habitude.

Personne n'ignore les artifices de certains maquignons
pour séduire l'acheteur, avancer ou retarder l'âge du cheval
qu'ils lui présentent. Ils consistent tantôt à arracher une
dent de lait, et à provoquer prématurément la croissance
d'une dent de remplacement ; tantôt, après le rasement, à
creuser la table dentaire, à la noircir, à y brûler un grain
de seigle, et à figurer ainsi une jeune dent. Les Anglais
n'arrachent pas les dents de lait, ils les font tomber par
avance en donnant de légers coups de lancette dans les
gencives.

Pour apprécier un cheval à sa juste valeur, il est indispensable de savoir quelles sont les qualités d'une bonne
conformation, de connaître l'âge, les tares, les aplombs,
leurs déviations, de pouvoir se créer un type fictif, le placer
devant soi et le comparer à l'objet qu'on a sous les yeux ;
mais cela ne suffit pas ; à cette connaissance, à cette fiction,
à l'étude préliminaire en un mot, il faut joindre la pratique,
une pratique quotidienne pour ainsi dire ; il faut même, au
dire d'experts, s'être trompé plus d'une fois, avoir payé de
sa bourse les fâcheuses conséquences de son inexpérience
ou de son inhabileté. Aussi, ne parlerai-je point de l'examen
du cheval au repos et en mouvement, examen tout pratique,
véritable criterium sur lequel doit se fonder, pour établir
son jugement, l'acheteur de bonne foi qui ne veut pas passer
sous les fourches caudines des filous et des brocanteurs (1).

____

(1) Lorsqu'on examine un cheval, il est quelquefois difficile de
savoir de quel pied il boite ; voici un moyen bien simple de le reconnaître. On le fait trotter sur un sol dur et incliné ; en montant, on
voit s'il boite du derrière : en descendant, s'il boite du devant ; puis
on le fait trotter en cercle, à bout de longe, aux deux mains, et l'on
voit ainsi s'il boite du pied droit ou du pied gauche, de devant ou
de derrière.

SIXIÈME CHAPITRE.

Cheval de demi-sang.

Nous venons d'examiner le cheval sous différents rapports, chaque partie séparément, voyons-le maintenant dans son ensemble ; nous avons divisé, faisons l'addition ; nous avons analysé, faisons la synthèse; prenons les parties éparses, réunissons-les par la pensée et reconstituons l'individu.

Quoi de plus beau qu'un beau cheval ? Après l'homme, n'est-ce pas l'œuvre la plus parfaite de la création ? Voyez le cheval arabe, ce buveur d'air dont les chairs sont de marbre, et les os, d'ivoire, comme parlent les Orientaux ; la régularité de ses lignes, l'harmonie de ses formes, la noblesse de son maintien, la fierté de son regard, la douceur de son expression, tout en lui respire la vie, l'intelligence et la beauté. C'est un type vieux comme le monde, c'est l'œuvre sortant des mains de l'Ouvrier.

Mais il lui faut le soleil de l'Orient ; sous un autre climat il perd une partie des éminentes qualités qui lui sont propres et qui le distinguent de ses pareils.

S'il est le cheval du midi, l'anglais, son dérivé, est le cheval du nord; et si le fils n'a pas reçu tout l'héritage du père, il en possède au moins une bonne part, la plus grande, sinon la meilleure. Enté sur nos races indigènes il produit un fruit excellent, qui répond au goût de notre époque, que la production fait attendre, et que la consommation appelle de tous ses vœux ; je veux dire le cheval de demi-sang, le hunter.

Hunter (1). — Nature pleine de vie, machine pleine de force, animal complet dans sa conformation : trapu, carré, *près de terre*, aux lignes longues et suivies, aux formes anguleuses, à la charpente fortement soudée, aux cordes tendineuses grosses et résistantes, aux articulations sèches, bien appuyées et nettement accusées ; c'est un type loin du *no blood* (2) des Anglais : c'est le trotteur qui *attaque franchement la note*, l'athlète taillé pour la lutte, le lutteur qui résiste aux travaux d'une longue carrière, auquel on peut demander beaucoup parce qu'il promet beaucoup.

Au départ il s'animera peu, il ne consumera pas ses forces en de vaines apparences, il ne jettera pas son feu, il le conservera précieusement jusqu'à la dernière étincelle, et si tout d'abord il est le second, attendez, bientôt il sera le premier. Ses épaules se portent franchement en avant ; son dos se déploie ; son rein s'affaisse et transmet librement l'impulsion de l'arrière-main ; ses jarrets, sans vaciller, sans *flageoler*, se pliant avec énergie et régularité, projettent vigoureusement la masse ; on dirait de ressorts d'acier dont toutes les réactions ont la même mesure et la même puissance ; voyez ! il passe, il file en ligne droite comme un trait ; il semble que le terrain qu'il foule soit élastique, qu'il marche sur un tremplin. Faites-le tourner, arrêtez-le brusquement, rien ne bronchera ! Montez-le, et bien que ce ne soit pas un *Eclipse*, il vous conduira loin :.... peut-être même vous fatiguerez-vous avant lui.

Steeple-chases (3). — L'état des routes, la facilité des com-

___

(1) Hunter (haunteur), de to hunt (chasser), cheval de chasse anglais, type du demi-sang.

(2) No blood (no bleud), qui n'a pas de sang.

(3) Steeple-chases (stipl'-tchèce), de steeple, clocher, et de chase, chasse, courses au clocher ; ainsi appelées par opposition aux courses plates, sans obstacles.

munications , le nombre et l'étendue de nos rapports , tout lui donne de l'importance et une large part dans nos besoins. Aussi vient-on d'ouvrir pour lui un nouveau concours , de l'appeler à des épreuves où il ne manquera pas de prouver sa valeur et de justifier sa renommée. Après les essais du comte d'Aure à Saumur , ceux du général de Grammont à Paris, on vient de fonder, sous les auspices du maréchal ministre de la guerre des steeple-chases militaires qui rappelleront les tournois du moyen-âge , les carrousels des temps modernes , qui solliciteront l'émulation de nos jeunes cavaliers, formeront des hommes de guerre, rattacheront les plaisirs du présent aux souvenirs du passé, et répandront un goût qu'une démocratie ignorante et jalouse chercherait vainement à effacer (1) ; car un peuple , qu'on me permette de le dire, ne peut, sous peine de mort, scinder sa vie, répudier ses traditions et briser la chaîne de son histoire , — surtout lorsque cette chaîne est une chaîne d'or !

(1) Démocratie des mauvais jours, vieille coupable décrépite et surannée, que va bientôt remplacer cette autre Démocratie vers laquelle nous marchons , œuvre de justice et de réparation , fille de l'Evangile, la seule grande, la seule digne du Peuple français.

DE L'ÉLEVAGE

DEUXIÈME PARTIE.

DE L'ÉLEVAGE.

PREMIER CHAPITRE.

Notions élémentaires.

Toute industrie jalouse de ses intérêts doit aller au-devant
des besoins qu'elle est appelée à satisfaire et modifier ses
produits dans tel ou tel sens, suivant le goût ou la nécessité
du moment. Pour nous, l'élevage est une industrie; nous
devons donc, en ce qui nous concerne, nous demander si les
choses n'ont point changé, quel est le type qui répond le
mieux aux exigences de l'époque, et, nos idées bien arrêtées
sur ce point, faire tous nos efforts pour arriver au but que
nous nous proposons. La main de l'homme est ici toute puis-
sante pour seconder l'œuvre de la nature.

Tous les services qu'on exige du cheval peuvent se réduire à trois : services de la selle, de la voiture et du roulage. Examinons-le sous ces différents rapports, et voyons par quelles transformations il a passé.

Presque personne n'allait en voiture autrefois, tout le monde montait à cheval; par suite de cet usage ou plutôt de cette nécessité, par suite aussi du goût de la jeunesse française pour les jeux équestres, ses plaisirs favoris, le cheval de selle formait à peu près la totalité de l'espèce chevaline. Son amélioration, la seule dont on s'occupât, étant l'objet de tous les soins, il parvint à un haut degré de perfection, et dans certaines contrées, le Limousin notamment, il se fit une brillante réputation qui s'étendit dans toute l'Europe. Qu'est devenu ce bel animal plein de vigueur, d'élégance et de souplesse? Il s'est effacé peu à peu, et a fini par disparaître : conséquence des faits qui se sont accomplis depuis un demi-siècle et des changements qu'ils ont amenés.

Nos routes n'ont pas toujours été aussi bien entretenues qu'elles le sont aujourd'hui; il fut un temps où elles étaient fort rares et dans le plus mauvais état; d'un accès difficile, remplies de profondes ornières, il fallait au cheval de trait une grande puissance matérielle, de la taille, du poids, du volume : race toute spéciale qui se transforme comme la précédente. Sa conformation la rendant impropre aux services qui se font avec activité, comme ceux des postes et des diligences, on comprend qu'elle ne peut rester ce qu'elle est, que tout en conservant sa force et son aptitude au tirage, il faut lui donner l'énergie qui lui manque, pour avoir des chevaux plus sobres, plus actifs, qui feront le double de chemin dans moitié moins de temps.

Le carrossier n'est plus comme autrefois un cheval d'une conformation particulière, tenant le milieu entre le cheval de selle et le cheval de trait, et participant de l'un et de l'autre, avec l'élégance du premier et la mollesse du second. Nos voitures sont plus légères, nos routes plus belles, et l'on attèle des chevaux qui, il y a quelques années, eussent été consacrés uniquement à la selle. Aussi, ces deux races tendent-elles à se confondre, à n'en former qu'une seule dans laquelle les chevaux de carrosse seront pris parmi les plus grands, les plus forts et les plus distingués.

Comme on le voit, toutes nos races se modifient, toutes se rapprochent du même type, du type qui répond le mieux aux besoins de notre époque, du cheval de demi-sang, à deux fins, gros, étoffé, énergique, doué de qualités de fond et d'allures, également propre aux divers services de la selle et de la voiture. De ce changement dans l'espèce résulte un changement analogue dans la production; les contrées les plus riches deviendraient les plus pauvres, si une nouvelle direction n'avait été donnée à leur industrie, et celles que la nature semblait avoir déshéritées, sortent peu à peu de l'état d'abandon dont elles étaient menacées, peut-être même finiront-elles par compter au nombre des centres d'élevage les plus importants.

Témoin la Saintonge. Occupée sur une assez grande étendue par des marais salants d'où la mer s'est retirée et où les eaux de pluie ont longtemps séjourné, elle ne produisait autrefois que des chevaux mous, lymphatiques, ayant tous les caractères des races dégénérées; grâce au croisement et aux travaux de desséchement, ceux qu'elle produit aujourd'hui sont de beaucoup meilleurs, ils ont plus d'énergie, un sang plus riche coule dans leurs veines, parmi eux il se trouve de bons modèles qui offrent l'alliance tant recherchée de la force et de la vitesse, de l'*étoffe* et du *sang*. Cette amélioration toute récente n'est encore le fait que du petit nombre ; lorsqu'elle aura gagné les masses, que le temps en aura fixé les résultats, nous aurons dans les marais de Rochefort une race de chevaux de demi-sang excellente, qui ne le cédera à aucune autre.

Sous le rapport de l'élevage, peu de contrées sont dans une situation plus avantageuse; que lui manque-t-il en effet? Voisinage de la mer, température douce, air fortifiant, vastes parcours, prairies bien arrosées, elle a tout cela, et en outre, un sol fertile, d'abondants pàturages, dont l'herbe est très-nutritive à raison du principe salé qu'elle renferme. Le sel a, comme on sait, la propriété de stimuler les organes de la digestion, d'augmenter la quantité de nourriture que le corps s'assimile, et par conséquent, de développer et de fortifier l'individu.

Ce sont là des richesses naturelles; mais il ne suffit pas de les avoir, il faut savoir les exploiter. L'amélioration d'une race dépend moins des avantages de la situation que de l'intelligence de l'éleveur, celle de la race chevaline peut-être plus que toute autre. Le cheval n'est point un animal d'engrais, fait pour paître dans une prairie comme le bœuf ou le mouton; il est destiné à des courses rapides, à de longs et pénibles travaux, et il ne serait pas préparé à ces épreuves, si de bonne heure on n'avait cherché à jeter en lui les matériaux d'une bonne constitution. Dans les premières années de la vie, il se plie facilement sous la main de l'homme; son organisation, alors qu'elle n'est encore qu'ébauchée, est comme une cire molle, malléable, susceptible de recevoir l'empreinte qu'on voudra lui donner, une pâte plus ou moins fine qu'il est aisé de pétrir et de modeler à son gré; l'éleveur en fait ce qu'il veut; la matière est dans ses mains, il n'a qu'à la travailler; mais pour que le produit ait de la valeur, il faut qu'il connaisse les causes capables de le modifier, et les principes sur lesquels il doit régler ses opérations. Autrement, il fait fausse route et court à sa ruine.

Parmi ces causes, les unes agissent sur l'espèce tout en-
tière, d'autres n'agissent que sur l'individu. Nous allons examiner les principales, poser quelques principes, puis essayer
d'en faire l'application.

Croisement. — Il existe deux modes d'amélioration,
l'amélioration des races par elles-mêmes et par le croisement. Le premier de ces deux modes et le plus ancien, convient aux races pures, à celles qui s'en rapprochent, ou chez
lesquelles on tient à conserver des qualités ou des aptitudes
spéciales ; mais pour toute autre, il serait mauvais de l'employer : appliqué aux races communes, en augmentant les
défectuosités, en les doublant à chaque génération, il mène-
rait droit à l'abàtardissement. Après en avoir fait un long
usage, on a fini par l'abandonner il y a une trentaine d'années ; nos anciennes races ayant perdu de leur utilité, ne ré-
pondant plus comme autrefois aux besoins du temps, il fallait
les modifier ; et, pour que cette modification fût en rapport
avec les exigences actuelles, il était nécessaire de les croiser
avec celles qui pouvaient seules leur donner les qualités qui
leur manquaient, devenues chaque jour de plus en plus
indispensables.

En abandonnant d'anciens errements pour en suivre de
nouveaux, a-t-on mal fait ? Parmi ceux qui sont de cet avis,
qui regrettent le passé et accusent le présent, il me semble
qu'on ne s'est pas assez rendu compte du progrès de la civilisation et de la nécessité où nous sommes tous de marcher
avec elle, sous peine de rester en arrière et de perdre tout
crédit. D'ailleurs, la réponse est facile ; il suffit de montrer
les résultats qu'on a obtenus et dont nous trouvons autour de
nous de nombreux exemples. Ces résultats, je le veux bien,
n'ont pas été partout les mêmes ; à côté de sujets de mérite,
il s'en est trouvé de défectueux, bien inférieurs à ceux qui
les ont précédés ; mais ces différences, si tranchées qu'elles

soient, justifient-elles les accusations dont elles ont été le sujet? Je ne le pense pas. A voir ce que font la plupart des éleveurs, s'ils ne réussissent pas, sur eux seuls doit retomber toute la responsabilité.

Que peut-il résulter d'unions désassorties, d'accouplements mal faits, comme on en voit tous les jours? Les plus étranges disparates, des produits manqués, décousus, tarés, présentant le plus souvent le bizarre assemblage d'un corps d'éléphant et de jambes de cerf. La jument joue un rôle important dans la reproduction; elle donne la taille, le gros, le tempérament; il semble que ce rôle soit méconnu : on attend tout de l'étalon, et l'on agit comme si l'on ne savait pas qu'une bonne poulinière de croisement doit être forte, bien constituée, près de terre, exempte de tares transmissibles et de maladies héréditaires.

Que l'on sorte de cette voie, que l'on observe les règles d'une pratique judicieuse, qu'il y ait de la convenance entre les races, les individus, que les mâles soient recrutés parmi les races anciennes et bien fondées, qu'ils aient fait preuve d'énergie, surtout, que les femelles résultant du croisement soient conservées, et au bout d'un certain nombre de générations, on verra un changement frappant; la race indigène, en se rapprochant peu à peu du type paternel, finira par lui ressembler au point qu'il soit impossible de l'en distinguer extérieurement.

C'est là un fait constant. Si donc on s'aperçoit de quelque confusion dans les premiers essais, y a-t-il lieu de s'en étonner? Assurément non. Indépendamment des conséquences de la maladresse, il faut tenir compte de celles qui résultent de toute entreprise à son début. Il en est du croisement comme du mélange de plusieurs liqueurs : elles nous apparaissent troubles au premier moment, laissons-les reposer, et elles redeviendront aussi claires et transparentes qu'elles l'étaient auparavant.

Climat. — Des effets du croisement, passons à ceux du climat. Le climat exerce une grande influence sur les formes et le naturel des animaux ; pour s'en convaincre, il suffit de comparer nos chevaux du Nord à ceux du Midi. Ceux-ci sont petits, vifs, sobres, énergiques ; la beauté de la tête, la profondeur de la poitrine, la pureté des membres, tout en eux révèle leur origine orientale. Les chevaux du Nord, au contraire, sont grands, lourds, massifs, indolents, lymphatiques, leur peau est épaisse, leurs membres couverts de poils; cependant, quoiqu'ils n'aient aucun rapport avec la souche primitive, ils ont encore des qualités qui les rendent propres aux services auxquels on les destine. Mais dans les climats humides la dégénérescence est complète : les vapeurs aqueuses qui se dégagent du sol, ramollissent les tissus, détrempent les organes, délaient le sang pour ainsi dire, et prédisposent les animaux qui y vivent, à la faiblesse, à la langueur et à toutes sortes de maladies.

D'où l'on peut conclure que l'humidité est ce qu'il y a de plus contraire à la santé des animaux et à la conservation des races.

Alimentation. — Voyons maintenant quelles sont les modifications que produit la nourriture. Une nourriture forte et abondante, appropriée toutefois au genre de cheval que l'on veut obtenir, développe chez le jeune animal tous les avantages dont la nature l'a doué; elle lui fait acquérir promptement la taille à laquelle il doit arriver, et donne à sa charpente osseuse et à son système musculaire la densité et le développement convenables. Une nourriture insuffisante appauvrit son organisation, le fait grandir sur jambes, rétrécit la poitrine et l'abdomen, arrête le développement des muscles et favorise l'émission des tares.

Cette citation, que j'emprunte à M. Houël, suffit pour faire comprendre l'importance d'une bonne alimentation. En général, les éleveurs n'en sont pas assez persuadés; réservant ce qu'ils ont de meilleur pour les bêtes à cornes, ils ne donnent aux poulains que des aliments de qualité inférieure, et encore avec beaucoup de parcimonie; s'ils se décident à les nourrir convenablement, à leur donner des grains, de l'avoine, ce n'est qu'à l'âge de 3 ou 4 ans, lorsqu'ils ont atteint à peu près tout leur développement, que leur tempérament est formé. Singulier système d'élevage! Puisque c'est pendant les premières années que le cheval grandit, que ses organes se développent, c'est alors, surtout, qu'il faut le bien nourrir et ne faire aucune économie sur les aliments les plus propres à donner une bonne trempe à son organisation.

Exercice. — L'exercice n'est pas moins nécessaire que la nourriture. Le cheval étant fait pour marcher à des allures rapides, il lui faut le grand air, l'espace, le mouvement; ce sont là les éléments de sa vie. Si, contrairement à sa nature, on le condamne au repos, il devient mou, chétif, hargneux, le sang s'épaissit, les membres s'engorgent, l'appétit disparaît et la santé se perd. Par le travail, la poitrine se dilate, les muscles se dessinent, les articulations se fortifient, les tendons se détachent, les membres grossissent, toutes les facultés se développent, et le cheval acquiert les qualités qui, plus tard, constitueront sa valeur.

Un cheval ne travaille jamais trop tôt, s'il est bien nourri et si le travail qu'on lui demande est proportionné à ses forces. C'est en faisant l'application de ce principe que les Anglais ont su créer leur admirable race de demi-sang, le hunter, aussi remarquable par sa forte membrure et sa solide constitution que par ses brillantes allures. Il serait à souhaiter que nous suivissions cet exemple.

En résumé, l'exercice et l'alimentation sont les deux conditions essentielles de l'élevage, sans lesquelles il est impossible de faire de bons chevaux.

Education. — Si l'exercice développe les facultés, l'éducation forme le caractère ; elle s'étend sur tous les rapports du cheval avec l'homme et commence dès le jeune âge. Dès la première année, il est bon de l'habituer à se laisser panser, à se laisser toucher sur toutes les parties du corps, de le caresser sur le front, les yeux, l'encolure, de le regarder, de lui parler en le caressant, en évitant avec soin de jouer avec lui et de le laisser mordre. Beaucoup de chevaux ne sont devenus méchants que parce que de bonne heure on leur a laissé prendre cette mauvaise habitude.

Hygiène. — L'éleveur a donné tous ses soins à son élève : il l'a bien nourri, exercé à propos, il a corrigé ses défauts, dirigé ses instincts, en un mot, il en a fait un bon cheval ; pour achever son œuvre, il ne lui reste plus qu'à suivre les prescriptions d'hygiène indiquées dans le cours de ce chapitre et du suivant.

Nous venons d'examiner les causes qui agissent sur l'organisation du cheval : en suivant le même ordre essayons de faire l'application des principes que nous avons posés.

Dans la Saintonge, la race chevaline était trop abâtardie pour qu'il fût possible de la régénérer par elle-même, sans avoir recours au croisement. Les étalons que l'Etat envoie aux stations lui conviennent parfaitement ; il serait difficile d'en trouver de meilleurs ; ce sont tous ou presque tous des demi-sang anglo-normands élevés dans des conditions analogues dans un pays qui, sous plusieurs rapports, ressemble beaucoup au nôtre. Ne leur donnons que de bonnes juments, et, pour en augmenter le nombre, conservons celles qui résultent du croisement. C'est sur celles-ci surtout qu'est fondée l'amélioration de la race et l'avenir de l'industrie. En vendant une belle pouliche de 3 ou 4 ans l'éleveur ne sait pas ce qu'il fait ; pour une valeur qui le séduit un moment il se prive volontairement de l'un des éléments les plus sûrs de sa prospérité.

Que les accouplements soient mieux faits qu'ils ne le sont généralement ; donnons-leur toute l'attention qu'ils méritent , contentons-nous d'abord du demi-sang , et n'ayons recours au pur sang que lorsque la race, en se rapprochant du type paternel, aura pris de l'homogénéité, des caractères bien définis ; et encore faudrait-il de temps à autre revenir au demi-sang, en alternant ainsi les croisements , si l'on s'apercevait que le pur sang eût pour effet de raffiner. (1)

Le croisement n'est pas le seul moyen d'amélioration. Le sang étranger qu'on cherche à faire pénétrer dans une race indigène ne s'y introduit que lentement , il rencontre une infinité d'obstacles, parmi lesquels il faut placer au premier rang les influences du sol et du climat. Si ces influences sont puissantes , comme elles agissent en sens opposé , elles peuvent finir par prendre le dessus en détruisant tout le bien qui s'était produit. L'agriculture vient alors au secours de l'élevage, et les travaux de dessèchement débarrassent l'air d'un excès d'humidité, si contraire, comme nous l'avons vu, à la force et à la santé des animaux. Sous ce rapport, nous avons fait beaucoup , mais , à mon avis , nous n'avons point fait assez.

Que les poulains soient rentrés l'hiver et placés dans de bonnes écuries , propres et bien aérées. Je n'insiste pas sur

---

(1) L'*étoffe* et le *sang* sont les deux principaux éléments de la valeur du cheval. Combiner ces deux éléments, les combiner de façon qu'ils se fassent mutuellement contre-poids, voilà le problème à résoudre. Ce sont les plateaux d'une balance qu'il s'agit d'équilibrer : œuvre de temps, d'intelligence et de précision. Si donc, l'un de ces éléments l'emporte , il faut, par des accouplements bien entendus , relever l'autre de son infériorité, pour arriver progressivement au but que tout éleveur doit se proposer: allier autant d'étoffe que possible au degré de sang le plus marqué.

l'utilité du pansage , de l'exercice , de la nourriture. On la connaît.

Avec le foin et l'avoine, les meilleurs aliments sont l'orge, les féveroles, les carottes , les mâches. En peu de temps les féveroles donnent un beau poil. Les carottes sont excellentes pour les jeunes poulains comme pour les vieux chevaux ; elles rafraîchissent et sont très-appétissantes en raison du principe sucré qu'elles renferment (1). On les donne pures ou en mélange , avec du son et de l'avoine concassée.

La mâche est un composé d'eau , d'avoine , de son et de farine d'orge. Dans le tiers d'un seau d'eau bouillante on jette deux litres d'avoine, puis, sans les mêler, en les superposant par couches , un litre de farine et un litre de son. Pour concentrer la chaleur on a soin de mettre une couverture sur le seau. Au bout d'une couple d'heures , lorsque l'eau s'est attiédie , on brasse le mélange et on l'administre. C'est un très-bon aliment, aussi rafraîchissant que la carotte, et encore plus tonique par la force que l'avoine emprunte à l'eau bouillante. De ce mélange , auquel on peut ajouter du foin et de la paille hachée, on a obtenu au haras de Pompadour les plus beaux résultats.

---

(1) La carotte convient tellement aux chevaux, qu'un auteur très-compétent a dit dans un de ses ouvrages : Si les éleveurs savaient tout le bien qu'elle peut produire, ils en sèmeraient des champs entiers. Sa culture ne présente aucune difficulté. Comme celle de toutes les plantes sarclées, elle a d'ailleurs un grand avantage : elle ameublit le sol et le prépare à recevoir les autres cultures qui doivent lui succéder.

La carotte champêtre , à collet vert, est de toutes les espèces la meilleure, la plus grosse , la plus productive , la moins difficile pour la culture et le choix du terrain. Elle demande une terre douce, profonde , légère , bien ameublie , amendée de l'année précédente. On sème depuis mars jusqu'en mai, à raison de 4 à 5 kilog. par hectare, à la volée, ou mieux, en rayons ; on recouvre la graine par un léger hersage, et l'on roule, si la nature ou l'état actuel du sol le demande. — Soins ultérieurs : sarclages , binages , etc. — Arracher dans le courant de décembre, couper les feuilles au niveau du collet, serrer en un lieu sec et à l'abri de la gelée.

On ne saurait trop insister sur l'avantage de donner de l'avoine dès la première année ; quelques kilos feront plus alors que plus tard une quantité considérable.

Parlons maintenant de l'exercice. Les Anglais, qu'on ne saurait trop citer lorsqu'il s'agit d'agriculture et d'élevage, parce qu'ils sont, sous ce double rapport, plus avancés que nous, et à même de nous donner de bons exemples, les Anglais placent leurs chevaux en liberté dans des box devant lesquelles se trouvent des parcours rectangulaires du nom de paddocks. Excellents pour de grandes écuries, chez de riches propriétaires, les box et les paddocks ne conviennent pas aux écuries plus modestes de nos fermiers ; pour celles-ci je préfère les parcours circulaires. C'est tout simplement un cercle de 15 à 20 mètres de diamètre tracé dans un lieu retiré sur un terrain préparé d'avance, recouvert de sable et entouré de haies, de planches ou de traverses tenues par des montants fixés de distance en distance. On exerce successivement les jeunes chevaux en les faisant trotter sur la piste, le palefrenier placé au centre, une chambrière à la main. Cet exercice, qu'on peut exiger dès la seconde année, devient insuffisant lorsque les poulains ont atteint deux ans et demi, trois ans ; il faut alors les travailler à la plate-longe et les faire monter par des jeunes gens d'une quinzaine d'années, d'un caractère doux, et assez légers pour que leur poids ne provoque aucune défense. Ces jeunes cavaliers se contenteront d'abord de se laisser porter, sans demander rien de plus, puis ils feront de longues promenades au pas allongé au dehors, sur de belles routes, en n'évitant aucune occasion de familiariser leurs montures avec la vue et le bruit des objets extérieurs. Pour arriver à un trot vite et régulier il n'y a pas de meilleure préparation.

Enfin, pour ce qui se rattache à l'éducation et à l'hygiène, se reporter à ce que j'ai dit précédemment et aux règles dont l'explication fera l'objet des chapitres suivants.

La plupart des éleveurs ne l'entendent point ainsi ; pour eux l'élevage est une industrie fort simple, qui ne demande aucun soin, en faveur de laquelle il ne faut faire aucun sacrifice, et, comme ils n'en connaissent pas le premier mot, ils l'abandonnent au hasard. Poulains et poulinières, répandus pêle-mêle dans les carrés, y vivent presque à l'état sauvage ; tous les chevaux y servent d'étalons ; les poulinières sont saillies par le premier venu, souvent elles avortent au commencement de l'hiver, et beaucoup de leurs poulains se noyent dans les fossés. Ceux qui survivent, qui résistent au froid, à la faim, à l'humidité, à toutes les causes de destruction qui les entourent, ont, il est vrai, un bon tempérament, mais qu'arrive le moment de la vente, lorsqu'on les présente tout les effraie, ils semblent inabordables, et leur aspect farouche, bien fait pour rebuter, éloigne un grand nombre d'acheteurs. Pourquoi les marchands qui vont faire leurs achats à l'étranger, en Allemagne et en Angleterre, sont-ils si peu soucieux d'acheter nos chevaux ; pourquoi ? Je le demande aux éleveurs dont je viens de parler. Et encore, si ceux qui rentrent les poulains l'hiver à l'écurie, au lieu de les abandonner à toutes les intempéries, les nourrissaient bien, leur donnaient l'exercice qu'il leur faut ; mais, à part quelques rares exceptions, on retrouve ici la même ignorance, la même incurie, le même esprit de routine, et partant les mêmes résultats.

Quoiqu'il y ait des gens pour les préconiser, ce sont là de mauvais systèmes : sachons comprendre ce qu'ils ont de funeste pour une industrie qui, dans un pays comme le nôtre, a tout ce qu'il faut pour prospérer ; et, en leur substituant les pratiques rationnelles de l'élevage, entrons franchement dans une voie ouverte à tous, au petit comme au grand propriétaire, où le commerce nous attend, et où nous sommes certains d'arriver un jour, à l'une des principales sources de la richesse et de la prospérité publiques.

Me permettra-t-on de citer en terminant un extrait du dernier rapport du général Fleury au ministre d'Etat? Aucun document n'a plus d'autorité et n'est plus digne de fixer notre attention.

« Que les chevaux français, dit M. le directeur général
« des haras, soient bien nourris dès le jeune âge, pratiqués
« comme en Angleterre et en Allemagne, et le commerce
« saura bien venir les chercher sur nos marchés, plutôt que
« d'aventurer ses millions hors du pays. Aucune protection
« n'est plus féconde que celle du commerce. La production
« et l'emploi du cheval de luxe, acheté à des prix rémuné-
« rateurs, encourageront, développeront bien mieux l'indus-
« trie, assureront par cela même, d'une manière bien plus
« certaine, la création du cheval de guerre, que n'ont pu le
« faire, pendant si longtemps, ses deux seuls protecteurs à
« budget limité : la remonte et les haras.

« Sans crainte de nous répéter, car il faut bien que ces
« idées pénètrent dans les esprits, nous dirons, pour résu-
« mer la question chevaline et la maintenir sur son véritable
« terrain, que c'est à donner une valeur plus marchande à
« leurs chevaux par *les soins*, *la nourriture*, *le dressage*,
« *la bonne éducation*, que les éleveurs doivent travailler
« sans relâche, et que ce n'est pas seulement à améliorer
« nos races, mais à favoriser la concurrence et le débouché,
« base indispensable de toute industrie, que doivent tendre
« les efforts de l'administration. »

DEUXIÈME CHAPITRE.

Pansage.

Si une bonne alimentation, un exercice modéré, donné à propos, sont les premières conditions de l'élevage, la pro- preté n'en est assurément pas la dernière. Entretenue dans

un état de propreté parfaite, la peau conserve sa souplesse ;
le poil , son brillant ; la transpiration se fait bien ; les organes, libres dans leur jeu, remplissant chacun sa fonction,
donnent la santé . et avec elle , le développement du corps,
des forces et du tempérament.

Sous ce point de vue le pansage est donc avantageux ; il
l'est également sous le rapport du dressage. Il familiarise le
jeune cheval avec la vue de l'homme ; il forme son caractère , l'habitue à la soumission , et plus tard le dressage ne
fera qu'y gagner.

Pansage. — Voici comment il se fait. Après avoir placé
derrière soi, sur un banc ou une chaise, tous les ustensiles dont
on a besoin . étrille , brosse . brosse de chiendent , bouchon
de foin humide , vieux torchon ou pièce de laine , éponge,
cure-pied . on commence par ôter le licol (je suppose un
cheval docile et habitué), puis on passe l'étrille modérément
sur toutes les parties du corps . la tête et les jambes excep-
tées ; après l'étrille , la brosse de chiendent dont on se sert
comme de tout le reste à lisse-poil , dans le sens du poil, en
commençant par la tête, l'encolure , l'épaule, les jambes, et
ainsi de suite sur toutes les parties, l'une après l'autre, sans
en omettre une seule. La brosse de chiendent a pour effet
d'enlever la crasse que l'étrille a détachée et de nettoyer les
parties qu'elle a omises. Viennent ensuite l'étrille et la
brosse, employées comme je viens de le dire, le bouchon de
foin humide trempé de la veille, suffisamment égoutté. moel-
leux , et , en dernier lieu , la pièce de laine dont on se sert
également en lissant le poil et en le massant par un coup
sec et bien appliqué. Il ne reste plus qu'à brosser la crinière,
la queue, à laver les yeux, les naseaux , l'anus et le dedans
des cuisses , à curer les pieds (1) et à mettre la couverte en

(1) De temps en temps enduire la corne d'un corps gras.

la tirant en arrière, dans le sens du poil, pour ne pas le rebrousser et lui donner un faux pli.

Il est un usage anglais auquel on fait bien de s'habituer, le sifflement du palefrenier : il calme le cheval et renvoie la poussière.

Soins hygiéniques. — Avec les chevaux de sang supprimer l'étrille et commencer le pansage par la brosse de chiendent. — Pour prévenir la formation des molettes ou les faire disparaître lorsqu'elles sont formées, employer les flanelles. — Pour donner du ton aux organes, faire prendre des bains froids dans la belle saison.

Régler la nourriture du cheval sur son âge, sa taille, son tempérament, son travail (1). — La distribuer régulièrement aux mêmes heures. — Tour à tour donner des aliments toniques et rafraîchissants. — Mettre de l'intervalle entre les repas, ceux du matin, de midi et du soir. — Ne donner que des fourrages parfaitement propres, sans poussière. — Saler le foin s'il est vieux ou altéré ; par quintal 500 gram. de sel dans 5 seaux d'eau. En Angleterre, presque toutes les barges sont salées. — Autant que possible donner une mesure d'avoine le matin avant tout autre aliment.

Tous les matins nettoyer l'auge, la mangeoire, et la maintenir dans un état de propreté parfaite. — Même recommandation pour les écuries ; ne pas y laisser d'urine et de fumier.

Le cheval vient de rentrer après une longue course ; le bouchonner des deux mains sur toutes les parties du corps, particulièrement sur celles où le sang s'est porté avec le plus d'activité, le ventre, les jambes. — S'il a grand chaud, ramasser la sueur avec un couteau de chaleur, ou mieux un demi-cercle en bois convenablement préparé. — Eviter les courants d'air.

____

(1) La ration ordinaire est de 5 kilog. de foin, 5 kilog. de paille, et 6 à 8 litres d'avoine.

Avant que le cheval entre à l'écurie, vider le râtelier, faire la litière (la battre, l'aplatir). — Lorsqu'il a soufflé, un quart d'heure après son arrivée, lui donner avoine, ou avoine et son frisé mélangés, puis la ration de foin. — Une couple d'heures après, s'il est sec, faire boire, peu à la fois, en présentant le seau à plusieurs reprises.

L'eau froide est malsaine ; on doit la tirer d'avance, la brasser, l'exposer au soleil, ou, pour lui enlever sa crudité, y mettre du son, en faire de l'eau blanche.

TROISIÈME PARTIE

DU DRESSAGE

TROISIÈME PARTIE.

DU DRESSAGE.

PREMIER CHAPITRE.

Généralités.

Le cheval est l'un des animaux les plus utiles qui aient été donnés à l'homme; le compagnon de ses plaisirs, de ses travaux, de ses luttes, de ses combats, il se trouve mêlé à toutes les vicissitudes de la vie: à la chasse, à la guerre, dans les champs, sur nos promenades, les hippodromes et les champs de bataille, il est partout. Ressource des petits, charme des grands: sans lui, combien plus misérable serait la vie du pauvre, moins brillante celle du riche : il est notre serviteur,... traitons-le comme notre ami.

Mais avant de s'en servir, que faut-il s'il n'est pas dressé?

Trois choses : de la douceur, encore de la douceur, toujours de la douceur. Noble et fier par nature, il ne se soumettrait pas à la main maladroite et brutale qui voudrait le réduire, il se révolterait, et il.... il en a donné, dit-on, maintes fois la démonstration, une démonstration évidente, claire et nette.

Sachons donc comprendre son naturel à la fois impérieux et docile, rebelle et soumis ; il ne demande qu'à être connu pour être aimé ; ne le traitons jamais avec colère, ayons les égards dus à ses services ; donnons-lui, par nos soins, ce qui lui est légitimement dû, ce qui lui revient à tous les titres.

Principes généraux. — De ces généralités passons à d'autres plus pratiques. Tout dans l'éducation du jeune cheval doit être ramené au point de vue du dressage ; j'ai déjà dit, dans le chapitre précédent, quel était, sous ce rapport, l'importance des soins de la main donnés de bonne heure ; c'est, en effet, dès la première année, dès la naissance pour ainsi dire, que doit commencer l'éducation, le dressage. En voici le principe et les règles les plus élémentaires.

Comme tout maître, le cavalier doit connaître le naturel de son élève, savoir que la curiosité et la défiance en forment le fond, et qu'à cela se joint une excellente mémoire. Cette connaissance acquise, avec la conscience de sa supériorité, sûr de l'efficacité des moyens qu'il emploie, il peut entreprendre le dressage dont voici, en cinq mots, toute l'étendue et le résumé : *Exiger peu et exiger bien.*

Ne demander d'abord qu'un travail simple et facile, un nouveau travail, que si le précédent a été compris et exécuté ; marcher ainsi avec suite et progression en ajoutant le travail du jour à celui de la veille, et en évitant de laisser trop d'intervalle entre les leçons. — Placer le naturel entre une récompense et un châtiment. — Faire comprendre avant de punir (1). — Agir avec calme, fermeté, douceur, adresse. Le cheval, tout bête qu'il est, raisonne mieux qu'on ne se l'imagine ; il sait très-vite quelles sont les dispositions, le degré d'habileté de celui à qui il a affaire. — La voix, le regard ont sur lui beaucoup d'influence, s'en servir à propos. — Etre attentif aux moindres mouvements ; en quoi que ce soit, imposer sa volonté, toute sa volonté, rien que sa volonté ; autrement, en se laissant gagner la main, le cavalier perd une grande partie de sa puissance, et son élève ne tarde pas à lui prouver que s'il a l'infériorité sous le rapport de l'intelligence, il a la supériorité sous un autre, celui de la force. — Le cavalier doit donc se posséder, ne jamais se laisser aller à la colère, être calme, prudent, mesuré ; la victoire est à ce prix ; sans cela les rôles changeraient vite, ... et le cheval n'aurait pas le plus mauvais des deux.

Exemple. — Je prends un exemple. A la vue d'un tas de pierres, d'un tronc d'arbre, de quoi que ce soit, un cheval se dérobe ; la peur en est évidemment la cause ; si le cavalier, sans en tenir compte, le maltraite, le frappe, en deviendra-t-il plus soumis, plus confiant ? Je ne le pense pas. Qu'arrivera-t-il une autre fois ? A la frayeur se joindra le souvenir des coups, et s'il y gagne quelque chose, ce ne sera pas de la docilité. Ce fait souvent répété, voilà un cheval rétif. A qui la faute ? à l'animal ? D'aucuns ne feraient pas attendre la réponse et méchamment diraient oui.

Si le cavalier avait été plus intelligent, qu'aurait-il fait ? Tout d'abord, ce raisonnement fort simple. Lorsque je reviens chez moi la nuit, seul au milieu des champs, livré à

(1) La rétivité, dit M. de Montigny, ne vient, la plupart du temps, chez le cheval, que de ce qu'il ne comprend pas ce qu'on lui demande, et qu'on n'a pas su lui décomposer assez clairement les éléments de son éducation.

mes propres pensées , cherchant péniblement ma route et distinguant mal les objets qui m'entourent, si quelqu'un venait en tapinois m'appliquer sur le dos deux ou trois coups de bâton , — y verrais-je plus clair? distinguerais-je mieux les objets qui sont à mes côtés? Ce cheval est effrayé, ne l'ai-je pas été moi-même? Alors, pourquoi le battre? — Qu'aurait fait ensuite le cavalier? Tout le contraire de ce qu'il a fait précédemment : il aurait usé de douceur , rassuré sa monture, essayé de la rapprocher de l'objet effrayant , de la familiariser avec sa vue , — et je ne pense pas qu'il se soit trouvé mal de l'emploi de ce second procédé.

Conclusion. — Ainsi , avant de rien entreprendre , le cavalier doit étudier le caractère de son élève, connaître ses dispositions, être au courant de ses caprices, prévoir ses défenses, voir si elles ne sont pas l'effet d'une souffrance, avoir sous la main le nécessaire, un peu même du superflu , tracer son plan, prendre une résolution, s'y arrêter, puis y soumetttre le cheval sans réserve, sans concession, le conduire où il veut, quand il veut, comme il veut, à droite, à gauche, en avant, en arrière, en un mot, en faire un animal souple et confiant.

Je l'ai dit plus haut, le naturel du cheval offre un singulier mélange d'obstination et de docilité, de bonté et de caprice, de soumission et d'indépendance. Si , par une éducation suivie, méthodique, vous ne cherchez à faire primer les qualités sur les défauts , ceux-ci l'emporteront, et..... prenez garde, votre vie est en danger! Vous plaindrez-vous? aurez-vous raison de vous plaindre? Non, ou plutôt oui. Vous serez à plaindre de votre ignorance et de votre présomption.

DEUXIÈME CHAPITRE.

Travail à la plate-longe.

S'agit-il de débourrer un jeune cheval? La première chose à faire est de l'exercer à la plate-longe, sur le cercle. Personne n'ignore ce que c'est qu'un caveçon; ce puissant instrument de dressage et de correction convenablement placé, le bridon par-dessus, on sort le cheval revêtu d'un surfaix, les rênes fixées sur les côtés (1).

Pour entreprendre ce travail, il faut être deux au moins; l'un tient la longe, l'autre conduit le cheval sur la piste, à main gauche, c'est à dire la gauche du cheval en dedans, et lui fait faire une couple de tours au pas, puis, il s'éloigne doucement, relève le fouet laissé au centre du cercle, et, s'il n'a pas à venir en aide à son compagnon, dirige l'exercice, le développement des allures, en se servant du fouet avec discernement, ne perdant pas de vue son élève un seul instant, les yeux constamment fixés sur les siens. Il fait passer successivement du pas au trot, du trot au pas, en s'aidant de la voix, de l'appel de langue et du caveçon, dont les indications doivent être parfaitement d'accord avec les siennes. Au bout de dix minutes, un quart d'heure, il arrête

(1) N'enrêner que progressivement, peu les premiers jours. Le caveçon doit être léger, solide; le surfaix, rembourré, muni de croupière et de boucleteaux; la longe, garnie de nœuds à l'une de ses extrémités, de la grosseur du pouce, de dix mètres de longueur environ; le sol de la carrière recouvert de dix à quinze centimètres de sable; enfin, la circonférence décrite par le cheval doit avoir de six à sept mètres de rayon.

le cheval, le ramène à lui et le caresse s'il y a lieu. — Même exercice, pendant le même temps, à main droite, c'est-à-dire l'épaule droite du cheval en dedans.

Au bout de peu de temps, si le cheval est bien dirigé et placé dans un milieu où rien ne vienne le distraire, le cavalier pourra se passer d'aide, se suffire à lui-même, abandonner le fouet, ordonner de la voix, en se servant à peine du caveçon. S'il est dans un enclos, sur un terrain circulaire, de dimensions convenables, il pourra même aller plus loin, mettre tout de côté, fouet, longe, caveçon, tout, excepté le surfaix et le bridon ; habitué peu à peu à ce travail, devenu soumis, l'élève ira successivement aux différentes allures, changera de main, obéissant de tout point aux ordres de son maître. Tout cela est extrêmement simple, affaire de sucre ou de carottes, c'est aussi très-important.

Pour donner à l'appel de langue toute sa valeur, ne s'en servir qu'à propos, en l'accompagnant d'abord d'un léger coup de fouet. Même observation relativement à l'usage de la voix, à l'emploi de mots sonores, toujours les mêmes, prononcés sur le même ton, pour les mêmes choses : Oh là ! dit énergiquement et accompagné du caveçon, finira par en devenir le synonyme. C'est ainsi que le cheval se pliera à la volonté de son maître et obéira au moindre signe : à un geste, à un mot, à un regard.

S'il se présentait au début quelques difficultés, il faudrait en triompher sur-le-champ ; si le cheval rentrait en dedans de la piste, l'y ramener en élevant le fouet à la hauteur de l'encolure ; s'il cherchait à en sortir, à tirer sur la longe, tenir bon et allonger l'allure ; enfin, s'il refusait de se porter en avant, l'y contraindre en opposant une résistance égale à la sienne, puis attendre patiemment sa détermination, et, au premier pas, l'arrêter, le caresser et s'en tenir là. Si cette détermination se faisait attendre trop longtemps, on pourrait la provoquer en montrant le fouet par derrière, en le montrant seulement (1).

Bien avant d'avoir complété le travail que je viens d'indiquer, le cavalier devra remplacer le surfaix par la selle. puis, lorsque le cheval y sera habitué, le monter et poursuivre le dressage. Voyons, auparavant, comment on met la selle et le bridon. Ces leçons et les leçons suivantes seront précédées du travail à la plate-longe : on ne doit seller un jeune cheval, lui mettre le harnais, le monter, l'atteler qu'après l'avoir *baissé*, exercé au caveçon pendant une vingtaine de minutes.

TROISIÈME CHAPITRE.

Du Cheval monté.

Selle, bridon. — Les principales parties de la selle sont : le pommeau (fig. 13, A), le siège B, le troussequin C, les quartiers D, les panneaux, les sangles, les contre-sanglons, les étrivières et les étriers.

Le bridon se compose d'un dessus de tête, d'un frontal, d'une sous-gorge ; de deux montants, du mors de bridon et des rênes.

En général, tout se fait à gauche, par exception, on met la selle à droite. Les étriers relevés, les sangles retournées, comme l'indique la figure 13, on la pose doucement, de façon qu'elle ne porte ni sur le garrot, ni sur les reins, on rabat les

(1) On ne saurait trop tôt habituer un jeune cheval à se porter en avant : l'acculement est le principe et la cause de toutes les défenses.

sangles, on passe à gauche et on sangle à la même hauteur des deux côtés. Le cheval sellé, on le bride. On le retourne dans la stalle pour l'éloigner du râtelier et l'empêcher de se soustraire à la main en s'acculant, puis, le bridon préalablement placé sur le bras gauche, le frontal en arrière, de la main droite on glisse les rênes sur l'encolure, on prend le dessus de tête, on l'élève à la hauteur du front, et le mors entre aisément, pris par la main gauche, le pouce appuyé sur les barres (fig. 14). Ne pas serrer la sous-gorge (1).

A la suite de cette explication, je m'occuperai dans ce chapitre du dressage au montoir, de l'emploi des aides et du développement des allures. Comme ceux à qui je m'adresse ne sont pas, pour la plupart, des cavaliers fort habiles, il ne me paraît pas inutile de rappeler comment on monte à cheval, et quelle est la position du cavalier, deux points qui ne sont pas sans importance sous le rapport du dressage.

Leçon du montoir (2). — Pour monter à cheval voici ce qu'on doit faire : Après avoir vu si la selle et le bridon sont bien mis, la cravache sous le bras, s'approcher doucement du côté du montoir, côté gauche; relever les rênes à l'aide du pouce de la main droite, les prendre de la main gauche

---

(1) Une bride se met de la même manière; pour être à bonne hauteur, le canon du mors doit tomber entre les crochets et la commissure des lèvres. La gourmette sur son plat, le doigt passant librement entre la barbe et les mailles.

(2) Si l'on promène le cheval avant de le monter, les rênes du bridon dans les deux mains, la gauche à l'extrémité, la droite à vingt-cinq centimètres de la bouche, les ongles en-dessus. Si le cheval bondit, le cavalier près de l'épaule, la main haute pour charger l'arrière-main; s'il cherche à gagner la main, prendre et rendre, multiplier les oppositions jusqu'à ce qu'il soit redevenu calme et confiant. Ne jamais prendre d'appui sur la bouche.

Lorsqu'on présente un cheval, on doit chercher à le faire valoir, le *placer*, corriger ses défauts d'aplomb, le trotter brillamment, etc.

en les séparant par le petit doigt : abaisser la main gauche en avant du garrot : rejeter l'extrémité des rènes du côté droit de l'encolure ; prendre de la main droite une poignée de crins et la placer dans la main gauche avec la cravache, la pointe en bas : engager le tiers du pied gauche dans l'étrier en s'élevant sur la pointe du pied droit , le genou assuré au corps du cheval (1er temps) : porter la main droite sur le troussequin et s'enlever le corps droit (2e temps) ; porter la main droite sur le pommeau, le pouce en dehors, passer la jambe droite tendue au-dessus de la croupe et entrer doucement en selle (3e temps). Une rène dans chaque main, le pouce allongé en-dessus, la cravache dans le fond de la main droite, la pointe en bas (1)

Voilà bien, si je ne me trompe , de quelle manière on monte à cheval : mais , comme avec un jeune cheval non dressé, on ne saurait prendre trop de précautions, on devra, les premiers jours, se contenter de s'enlever sur l'étrier, le cheval tenu au caveçon par un aide placé devant lui , les yeux fixés sur les siens : puis, lorsqu'on se mettra en selle, ne rester assis que quelques instants : la vue du cavalier, le poids de son corps , sont des causes naturelles de défense avec lesquelles il faut savoir compter.

Position du cavalier. — La tête et le corps droits, d'aplomb, à l'aise ; la poitrine ouverte : les épaules effacées : les bras tombant naturellement le long du corps : le pli du coude marqué ; les poignets se faisant face , à 15 centimètres l'un de l'autre ; les reins soutenus ; assis également sur les fesses et l'enfourchure : les cuisses descendues, tournées en dedans,

(1) On tient les rènes de bride de la main gauche, séparées par le petit doigt ; celles du filet, une dans chaque main, comme je viens de le dire. Pour allonger ou raccourcir la rène droite , la prendre entre le pouce et l'index de la main gauche et la faire couler ; l'inverse pour la rène gauche.

sur leur plat ; les genoux adhérents à la selle ; les jambes tombant naturellement dans la direction des étrivières ; la plante du pied sur la grille de l'étrier [fig. 15]. (1).

De la bonne position du cavalier dépend plus qu'on ne saurait le croire la soumission du cheval. S'il bondit, s'il rue ou s'il se cabre, le cavalier, placé comme je viens de le dire ; portera facilement le haut du corps en arrière ou en avant ; les cuisses, les genoux, et au besoin les jambes, assureront la tenue ; et, après la défense, celles-ci se fermeront aisément pour imprimer telle ou telle direction.

Principes d'équitation. — La main et les jambes sont les principaux moyens dont le cavalier se sert pour diriger le cheval ; ce sont là ses *aides.* Il devra s'étudier à en faire comprendre l'action dès que la leçon du montoir n'offrira plus de difficulté. Que son enseignement soit clair, précis, rationnel, les mêmes choses par les mêmes moyens, et qu'il se rappelle que les défenses ne viennent le plus souvent que des faux effets de main.

Pour porter un cheval en avant, les mains légèrement soutenues, fermer les deux jambes également. — Il est d'un maladroit de faire partir un cheval en lui rendant la

(1) Les étrivières sont de bonne longueur, lorsque, ajoutées à l'étrier, elles forment la longueur du bras, ou lorsque le cavalier étant à cheval, les jambes tombant naturellement, la grille de l'étrier vient à la hauteur du cou-de-pied.

S'habituer de bonne heure à se passer d'étriers, pour s'en servir seulement dans les défenses et donner du *liant* à l'articulation du genou. Le siège, les cuisses, les genoux servent à la tenue du cavalier ; les jambes, à la conduite du cheval ; le pli du genou, comme une charnière qui relierait ces deux parties, doit s'ouvrir et se fermer avec une grande facilité. Si le cavalier prend des points d'appui sur les étriers, se tient par les jambes, qu'arrive-t-il ? La pression continue des jambes augmente progressivement l'allure, la main cherche à la ralentir, et le cheval, se trouvant ainsi placé entre deux forces opposées, le pauvre cavalier, comme un volant pris entre deux raquettes, finit par aller mesurer à terre l'étendue de sa maladresse et de son ignorance.

Si parmi les jeunes gens à qui je m'adresse, il s'en trouvait qui, main ; alors , le cheval prend une fausse direction , la main cherche à le redresser , se fait sentir par un à-coup et provoque une défense.

Pour arrêter , fermer doucement les mains en assurant les poignets.

Pour allonger l'allure , pression des jambes égale et progressive.

Pour la raccourcir, prendre et rendre (serrer et desserrer la main plusieurs fois de suite et sans à-coup). — Si , au lieu de ces pressions successives , qui prendront peu à peu sur l'impulsion , on opposait violemment la main , qu'en résulterait-il ? de la souffrance , de l'irritation , et, prenant un point d'appui sur le mors , le cheval finirait par s'emporter.

Pour tourner à droite , porter les deux mains à droite et fermer la jambe gauche.

Pour tourner à gauche , l'inverse. — Les deux rênes du même côté , l'une pour attirer le bout de nez dans le sens du mouvement, l'autre pour empêcher l'encolure de se plier et les épaules de fuir. Ce serait une faute grossière d'employer main et jambe du même côté. En tournant à droite, le cheval s'appuie sur l'arrière-main , la jambe droite de derrière lui sert de pivot , et la pression de la jambe droite du cavalier aurait pour effet de déplacer ce pivot , de s'op-

n'ayant aucune idée de l'équitation, se tiendraient sur les étriers et la bouche du cheval, je leur conseillerais, pour apprendre vite à se servir des jambes et de la main , de trotter en cercle , aux deux mains, sous les yeux d'un professeur, le cheval ayant, comme pour le travail à la longe, bridon, caveçon, surfaix, et de plus une couverte. Pour combattre la force centrifuge qui tend à le rejeter au dehors, le cavalier devra donner à son corps l'inclinaison que le cheval prendra naturellement de lui-même. Il pourra ôter la couverte, la remplacer par une selle sans étriers, sans couverture, glissante autant que possible; il pourra même quitter le bridon et se tenir les bras croisés. Plus le cercle sera petit, plus l'allure sera vite, plus grande sera la force centrifuge, plus grande aussi sera la difficulté.

poser à la franchise et à la liberté du mouvement. Toutefois, lorsque le cheval n'est pas débourré, qu'il est étranger à l'emploi des aides de la main et de la jambe, on fait bien de se servir de main et jambe du même côté, la main pour attirer l'encolure, la jambe pour repousser la croupe.

Pour reculer, jambes et main, les jambes avant la main. — La main seule peut bien produire un mouvement rétrograde, mais un mouvement qui n'a rien de naturel et de régulier ; le cheval y résiste d'abord en s'arc-boutant sur ses jambes de derrière et ne finit par y céder qu'en s'acculant, au risque de se renverser. Le reculer, tout différent de l'acculement, n'est autre chose que le pas en arrière exécuté avec mesure et légéreté. Les jambes agissant les premières, ont pour effet de relâcher la détente des jarrets et de porter les forces en avant ; la main, venant immédiatement s'en emparer et les reporter en arrière, produit le premier pas. Le second, le troisième, les suivants s'obtiennent de la même manière en faisant ainsi précéder l'action de la main de l'action de la jambe. Peu d'exigence au début, trois ou quatre pas seulement ; cette leçon, très-bonne pour assouplir l'arrière-main, ne tarderait pas à développer un principe de défense, si elle n'était pas donnée avec tout le soin qu'elle réclame.

Ainsi, quel que soit le mouvement qu'il veuille obtenir, progressif, latéral ou rétrograde, le cavalier devra se servir presque constamment des jambes et de la main, des jambes avant la main (1).

Dans les premières leçons, il sera bon de faire l'application de ces principes sur le cercle, en accompagnant la pression des jambes d'une traction de longe ou d'un appel de

______

(1) Les jambes sont comme les rames d'un bateau, et la main comme le gouvernail.

langue, l'action de la main, de la voix ou d'une légère saccade du caveçon, c'est-à-dire en combinant les aides et les indications du travail à la plate-longe, avec lequel je suppose le cheval familiarisé.

Devenu calme et soumis, le cheval comprend, je le suppose, les aides de main et jambes : que reste-t-il à faire pour que son éducation soit complète, pour que l'éleveur, s'il a l'intention de le vendre comme cheval de selle, puisse en retirer tout le parti possible? Une seule chose, développer l'allure du trot. Tel est l'objet de l'article suivant, le dernier de ce chapitre.

Trot à l'anglaise. — En général. au trot allongé les réactions sont dures, et, pour ne pas se fatiguer, le cavalier fait bien de couper le trot, de trotter à l'anglaise.

Pour cela, trois choses à observer : prendre également ses points d'appui sur les genoux et les étriers; abaisser l'avant-main, et lui donner un point d'appui en assurant les poignets, les mains basses, les jambes près : incliner légèrement le corps en avant et s'abandonner entièrement au mouvement du cheval en ne s'enlevant que le moins possible.

Quelle est la partie qui chasse, qui porte le cheval en avant? L'arrière-main. Dans les allures vites, c'est donc cette partie qu'il faut dégager au détriment de l'avant-main. Celle-ci, devenue plus lourde, placée en dehors des lois de l'équilibre, a donc besoin d'un point d'appui. Pour le donner, tout en portant énergiquement le cheval en avant par les jambes, on le laisse s'appuyer peu à peu sur la main, en lui résistant s'il cherche à en sortir, mais sans que la résistance prenne sur l'impulsion.

De longues marches au pas allongé seront la meilleure préparation. Cette partie du dressage demande d'ailleurs beaucoup d'adresse. plus qu'on ne le suppose généralement. Donner à un cheval tout son trot, carrément, sans traquenard, n'est certes pas une chose facile.

QUATRIÈME CHAPITRE.

Du Cheval attelé.

La défaveur dont sont frappés les chevaux indigènes sur nos marchés, vient moins d'une infériorité réelle que du manque d'éducation. C'est donc à leur donner par le dressage une valeur plus marchande que les éleveurs doivent s'attacher avec soin , s'ils veulent élever leur industrie à la hauteur de nos besoins, et conserver pour eux le monopole qu'ils ont imprudemment abandonné aux étrangers. Mais, à notre époque , le cheval de selle ayant beaucoup perdu de son utilité, c'est surtout le dressage du cheval de trait léger, à deux fins, qui devra les occuper.

S'il a été préparé par les leçons précédentes, ce dressage ne présentera pas de difficultés , les principes du menage et de l'équitation étant à peu près les mêmes ; et l'on triomphera sans peine des défenses qui pourraient résulter du tirage , si l'on a soin de baisser le cheval en le trottant à la plate-longe avec le harnais , de partir d'un plan incliné, de conduire doucement, d'éviter de tourner trop court (1), et , pendant quelque temps , avant d'atteler , d'allonger les traits, en opérant à leur extrémité, comme l'indique la figure 16, une traction graduée, proportionnée aux progrès du cheval. Ainsi , lorsqu'il aura été monté , qu'il comprendra les aides de main et jambes , on pourra l'atteler au timon, à côté d'un *maître d'école*, d'un cheval dressé (2).

(1) Pousser au timon, si le cheval s'arrêtait dans les tournants.

(2) Le tilbury est une voiture commode mais dangereuse, à laquelle on ne doit atteler un cheval qu'après l'avoir dressé au timon, à côté d'un maître d'école.

Ceci posé, quelques mots seulement sur la manière d'atteler, de dételer, les précautions à prendre, la position du cocher sur le siége, la tenue et le maniement des guides et du fouet ; par là je termine cet aperçu.

Atteler, dételer. — Les chevaux amenés près du timon, successivement chaînettes au premier point, traits, celui du dehors le premier, chaînettes au deuxième point, croisières (guides du dedans), et les italiennes (guides du dehors), mises par avance, bouts de guides, guides à l'anneau du mantelet. Le cocher prend ses guides avec le fouet de la main gauche, relève l'extrémité sur le petit doigt, monte sur le siége en s'aidant de la main droite, et s'asseoit doucement pour ne pas effrayer ses chevaux. — Pour descendre et dételer, l'inverse.

Avant de monter sur le siége, d'un coup d'œil on voit si les chevaux sont bien bridés, convenablement rênés, si les guides sont ajustées, si les mantelets ne sont pas trop en avant, les reculements trop bas, trop làches ou trop serrés, si les chaînettes sont tendues et les traits égaux ; pour les leçons d'attelage de la croupe au lisoir ou au palonnier, il ne doit pas y avoir plus de 30 à 35 centimètres. N'est bien attelé que le cheval sur le collier, léger sur la main.

Position du cocher. — Tète haute, corps droit, un peu en arrière, les bras tombant naturellement ; les genoux rapprochés, les jambes étendues, les pieds bien appuyés (fig. 17).

Maniement des guides. — L'ancienne tenue des guides à la française était incommode et dangereuse, aussi l'a-t-on généralement abandonnée pour la tenue à l'anglaise, que voici dans toute sa simplicité. Les guides se tiennent dans le fond de la main gauche, séparées par le médium et l'index (1), le pouce et l'index à moitié fermés, la main droite à 15 cen-

(1) Medium, doigt du milieu ; index, entre le pouce et le médium.

timètres environ de la main gauche , à cheval sur la guide droite , les trois premiers doigts , pouce , index et médium, allongés en-dessus , les deux autres fermés en-dessous (fig. 18).

Pour tourner à droite, de la main droite appuyer sur guide droite et laisser couler la guide gauche ; pour tourner à gauche, tendre la guide gauche en tournant le poignet légèrement en dedans , et laisser couler la guide droite. Ainsi, comme on le voit , dans les tournants les guides deviennent plus courtes l'une que l'autre ; on les rajuste par une *rattrape* : la main droite relève les guides comme l'indique la fig. 19 , descend près de la main gauche et se referme , la main gauche passe devant , reprend sa première position, et la main droite revient à la place qu'elle occupait tout d'abord (fig. 18). Beaucoup de liant dans l'exécution de ces trois temps. — Une autre rattrape plus simple, spécialement usitée dans l'attelage à quatre , à grandes guides , consiste à porter la main droite derrière la main gauche, à la refermer sur les guides en les séparant par le petit doigt, et à avancer la main gauche. — Pour arrêter, voici un maniement de guides doux , puissant et élégant tout à la fois. On pose la main droite de champ , comme l'indique la fig. 20 , et on la fait glisser en pesant sur les guides.

Le fouet se tient de travers dans le fond de la main droite, à peu près au tiers de sa longueur. Il est au cocher ce que les jambes sont au cavalier ; ainsi, pour tourner à droite , coup de fouet à gauche ; à gauche , coup de fouet à droite. Le coup de fouet ne se donne qu'à bras tendu , sur l'épaule ; partout ailleurs il pourrait provoquer une défense. En être avare plutôt que prodigue ; le mesurer au degré de sensibilité du cheval , et le remplacer le plus souvent par l'appel de langue.

Indiquer d'abord clairement ce qu'on veut , puis , tout en

les ayant dans la main, laisser aux chevaux de la liberté pour qu'ils exécutent ce qu'on leur demande avec franchise et légéreté. Prendre et rendre plusieurs fois de suite par de petites pressions pour ralentir ou régulariser l'allure. Du liant, du tact et jamais d'à-coup.

La justesse des effets de main, la précision des mouvements, l'harmonie des allures, une obéissance passive à la moindre manifestation de sa volonté, voilà le but que tout bon cocher doit atteindre : mérite plus rare qu'on ne le croit communément (1).

Je joins à cet aperçu sur le dressage une lettre que j'ai écrite il y a près de deux ans à l'un de nos meilleurs médecins-vétérinaires. Comme on le verra, il s'agit du croisement, dont MM. Guyon, de Tonnay-Charente, avaient contesté l'opportunité dans deux articles remarquables publiés par les *Tablettes*.

____

(1) Ce qui manque surtout à la campagne, ce sont des hommes capables, connaissant les chevaux, sachant les panser, les monter, les conduire; l'industrie souffre beaucoup de cette pénurie, et rien ne me semblerait plus utile que d'ouvrir dans les écoles de dressage, au profit de nos jeunes éleveurs, un cours spécial d'équitation et d'attelage.

Bien différente en cela de la Saintonge, la Normandie possède d'excellents piqueurs, et, en outre de ses écoles de dressage, des établissements particuliers d'où sortent chaque année un grand nombre de chevaux très remarquables et parfaitement dressés; tels ceux de MM. Marguerin et Marion fils dans les environs de Caen, de MM. Bazire et Forcinal dans le Merlerault. Voilà des établissements à visiter et des exemples à suivre.

A M. GUYON FILS.

Monsieur,

Je vous remercie de m'avoir communiqué le Mémoire de M. votre père, et le vôtre sur l'élève du cheval, en me mettant au courant de la discussion qu'ils ont fait naître au sein de la Société d'agriculture de Rochefort. Etranger à ce débat, sans connaissances spéciales, je n'oserais pas vous présenter les réflexions qu'ils m'ont suggérées, si je ne savais que vous les accueillerez avec bienveillance et si vous ne m'en aviez fait vous-même l'aimable proposition.

Il ne me paraît pas inutile d'examiner les différents modes d'accouplement, de voir s'ils sont d'une application générale, de rechercher les résultats du croisement dans notre pays, et, dans le cas où ils n'auraient pas été heureux, le moyen de les améliorer.

Généralités. — Le mode d'accouplement usité en Angleterre au commencement du siècle dernier, d'où est sorti le cheval de pur-sang, consiste à se servir d'une race étrangère, d'un mérite supérieur à celle du pays où on la transporte, afin d'en créer une qui, tout en conservant ses principaux caractères, emprunte des traits particuliers, sous la double influence du climat et des soins de l'élevage. En France l'application n'en est pas assez générale pour qu'il soit nécessaire d'en parler.

L'accouplement en dedans, l'alliance de deux individus d'une même race à un degré de parenté plus ou moins rapproché, a pour effet de perpétuer les qualités et les défauts de cette race. Dirigé avec discernement, il pourra donner de bons résultats dans certaines contrées et chez certains éleveurs, Backwel entre autres et au premier rang en Angleterre ; mais il ne saurait être avantageux dans le pays où l'espèce se trouverait en lutte avec un principe d'appauvrissement. Dans ce pays, le croisement me semble préférable, nonobstant les difficultés d'acclimatation, à la condition d'observer une certaine affinité physiologique entre les individus, de ne pas introduire brusquement dans une race un sang complètement étranger, de donner à la jument indigène un étalon qui, tout en lui étant supérieur, ne lui soit pas opposé par sa conformation et ses aptitudes.

L'infusion du sang étranger va-t-elle changer la race locale, la changer au point de la rendre méconnaissable ? Je ne le pense pas. Tout en se modifiant, en prenant, je le reconnais, un caractère d'uniformité, elle conservera toujours le cachet ineffaçable du milieu dans lequel elle aura vécu. Les mêmes éléments étant donnés, les chevaux du Midi et ceux du Nord ne se ressembleront jamais, non plus que ceux des marais et des montagnes. D'ailleurs, si l'élément modificateur dont on a fait choix est bon, sa parfaite ressemblance ne doit-elle pas être le dernier terme de toute amélioration ; et si, par exception, grâce à ses soins, un éleveur obtenait des chevaux doués de grandes qualités de fond et d'allures, en qui le type primitif serait effacé, devrait-il se plaindre de ce changement, si complet qu'il fût ? Ne trouverait-il pas des débouchés ouverts à ses produits dans le commerce des grandes villes , de Paris principalement, qui ne retire de l'Angleterre que le rebut qu'il paie au poids de l'or.

Applications. — Je sors de ces généralités pour entrer dans le domaine des faits, en m'appuyant sur les vérités que vous avez mises en évidence : la bonté de nos pâturages, l'humidité de nos prairies, les pratiques erronées de certains éleveurs, l'importance de faire un choix judicieux dans les accouplements , d'éviter une trop grande différence entre la jument et l'étalon qu'on lui destine , la délicatesse du pur-sang, son manque de rusticité.

Le sol de nos contrées, terrain d'alluvion, naguère occupé sur une grande étendue par des marais salants , produit spontanément une herbe fine , pleine, salée, succulente , riche en principes toniques et nutritifs ; il offre ainsi, par la qualité des pâturages, d'excellentes ressources; mais il est loin d'être placé dans des conditions aussi avantageuses sous le rapport du climat. L'humidité , les vapeurs qui s'en dégagent , le rendent insalubre , prédisposent les animaux qui vivent à sa surface à un tempérament mou et lymphatique , et les amèneraient progressivement à un abâtardissement certain , si l'on n'essayait de combattre leur action et de réagir contre leurs effets.

Il est donc nécessaire de recourir au croisement et de rechercher , en dehors de la race du pays , les éléments dont elle est privée. Je ne vois pas de source plus féconde que celle du sang anglais, je n'en vois pas dont le choix soit préférable, à la condition d'y puiser avec discernement et d'observer rigoureusement les lois de la physiologie et de la nature.

On s'est servi de ce croisement avec le sang anglais , et, comme il n'a pas réussi, on a été naturellement amené à penser qu'il était mauvais en soi. En effet, s'il y a des chevaux de beaucoup de mérite parmi ceux qui sont présentés au concours des primes de dressage, qui sont achetés par la remonte, et qui ont figuré cette année à l'exposition de Paris ; il est certain qu'un grand nombre semble n'avoir reçu en partage que des défauts : vices de conformation, vices de caractère. Ces chevaux ont de belles parties auxquelles ne correspondent pas les autres, et sont entièrement manqués ; c'est une machine animale faible et incomplète, animée d'une force vitale trop énergique qui ne peut manquer d'amener son usure prématurée.

En admettant que nous ayons échoué dans nos tentatives, je me demande qui a fait défaut, ou de la méthode ou de son emploi ? Que sont en général les poulinières du pays ? Par qui les accouplements sont-ils surveillés ? Que font certains éleveurs ? Ne laissent-ils pas dehors tout l'hiver leurs poulains qui, exposés au froid et à la pluie, marchent sur un sol détrempé, les jambes dans l'eau jusqu'au-dessus des boulets ? S'ils les rentrent, quel est le degré de salubrité des écuries où ils les mettent ? quelle est la nature, la qualité des fourrages qu'ils leur donnent? La réponse à ces questions n'est pas difficile. De là viennent les causes les plus vraisemblables, je ne dis pas les seules, de notre insuccès et de nos déceptions.

Après avoir établi ces résultats, reconnu leurs causes, devons-nous rejeter le croisement ? Puisque nous connaissons nos erreurs, pourquoi ne pas en profiter ? pourquoi ne pas suivre l'exemple que nous donnent la Normandie et la Basse-Vendée où, dans les marais de Saint-Gervais notamment, *Eléphant* et *Amadis* ont produit, dans des conditions alimentaires et climatériques analogues, de bons chevaux, et ont été les principaux auteurs d'une race excellente qui ne le cède en rien à l'ancienne ?

L'amélioration de la race du pays consiste, selon moi, à augmenter le nombre des bonnes poulinières , à leur donner des étalons de demi - sang d'une constitution saine et robuste , à opposer dans les accouplements les beautés aux défectuosités , en observant une grande mesure dans ces combinaisons , en ayant soin de ne pas combattre plusieurs défauts à la fois et de ne les attaquer qu'avec suite et progression. Elle consiste enfin à détruire les routines erronées de certains éleveurs , à leur substituer les pratiques rationnelles de l'élevage, et à entrer ainsi dans la voie du progrès que réclament les besoins de l'industrie et du commerce (1).

Dans le milieu d'humidité où il se trouve placé , dans l'arrondissement de Marennes principalement , le cheval a besoin de se retremper ; et je crois que tel étalon des haras, à poitrine vaste et profonde , aux flancs courts et pleins, au rein solidement construit, aux articulations longues et bien soudées, offrira des garanties plus sûres que les étalons du pays, dont se servent certains éleveurs, et qui sont loin de présenter un pareil ensemble de qualités. Toutefois, Monsieur, si je place le demi-sang en première ligne, je suis loin de repousser les autres étalons , et , tout en me faisant le partisan du croisement, je n'ignore pas qu'il faut en user avec mesure, et je reconnais toute la valeur des faits sur lesquels vous fondez votre opinion.

Permettez-moi, Monsieur, de citer en terminant , et pour me résumer , le passage suivant d'un livre de M. de Montigny : *Education et Hygiène du Cheval :*

« Ce système — le croisement — a été contesté et attaqué
« par des hommes de science, dont les arguments, appuyés
« sur quelques saines théories, méritent d'être ici succincte-

(1) *Cours d'Hippologie*, par M. de Saint-Ange.

« ment discutés. On a dit qu'il valait mieux améliorer les
« races par elles-mêmes, en choisissant au milieu d'elles
« les individus les plus propres, par leurs qualités excep-
« tionnelles, à redresser les écarts de la nature ; qu'il était
« toujours dangereux d'introduire brusquement dans une
« race un sang tout à fait étranger à elle, et que le pur-sang
« anglais, par exemple, ne pouvait pas améliorer directe-
« ment une race abâtardie. Sans admettre complètement
« cette théorie, nous reconnaissons, avec ses partisans, que,
« dans l'amélioration d'une race abâtardie, on doit com-
« mencer par demander le progrès aux meilleurs types de
« cette race, et mettre les juments améliorées dans les con-
« ditions les plus favorables pour recevoir les influences
« d'un sang plus riche et plus pur. C'est aussi dans ce sens
« que l'emploi du demi-sang doit être préféré, comme
« moyen intermédiaire d'amélioration d'une race dégénérée.
« Quant à admettre qu'une race, qui est déjà éloignée du
« type primitif, puisse s'améliorer et se régénérer par elle-
« même, nous ne le pouvons ; le bon sens ne le veut pas ;
« la pratique démontre le contraire ; et si, même par une
« hygiène bien dirigée, par les influences protectrices de la
« main de l'homme, une race pouvait conserver longtemps
« ses qualités, il serait, dans tous les cas, impossible de la
« modifier, de l'approprier aux services et aux emplois si
« divers que réclame une civilisation qui marche toujours et
« impose sa loi à tout ce qui se trouve sous ses pas. Le
« cheval de sang est donc pour nous le point de départ de tout
« progrès, le type vivifiant ; il renferme en lui ce mystérieux
« fluide qui, répandu avec discernement et progression,
« permet à l'homme de transformer, de modifier, de mode-
« ler, pour ainsi dire, les races, selon les besoins de son
« époque et de son commerce. »

ROCHEFORT, IMPRIMERIE CH. THÈZE.

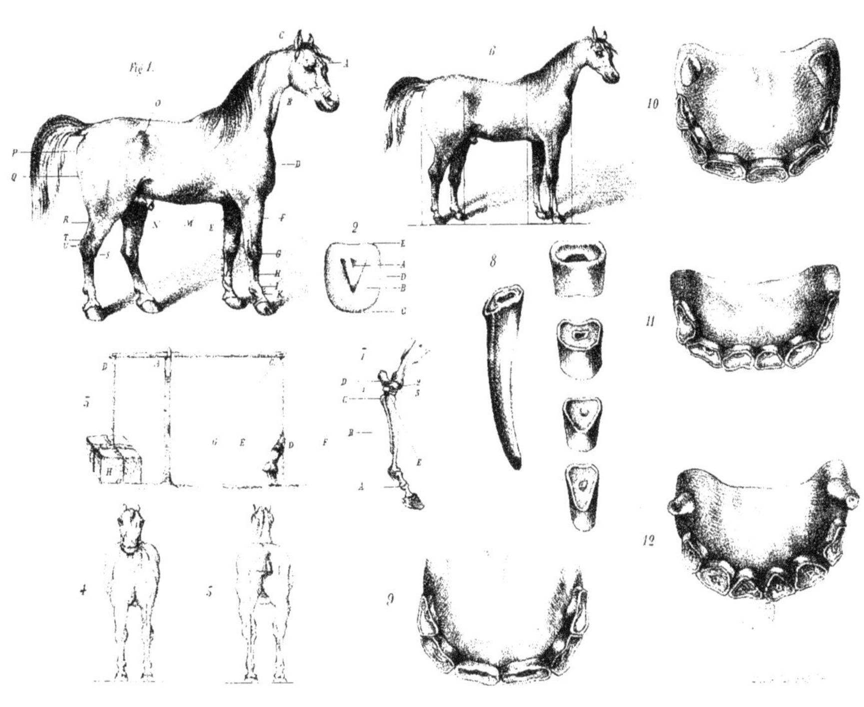

Fig 1.
Fig 6.

www.ingramcontent.com/pod-product-compliance
Ingram Content Group UK Ltd.
Pitfield, Milton Keynes, MK11 3LW, UK
UKHW031826170726
13836UKWH00004B/1522